greenways
ecological networks
landscape linkages
corridors

城市绿道建设中植物多样性策略研究

张洋　著

上海交通大學出版社
SHANGHAI JIAO TONG UNIVERSITY PRESS

内容提要

中国正处于城市绿道建设的热潮中，但建设过程中对城市绿道生态功能和植物多样性价值的忽视，导致生物栖息地丧失，城市反而变成“生态荒漠”。因此，需要重新思考城市绿道植物多样性对于整个城市甚至区域生态环境的意义。

本书从风景园林学的视角切入，剖析了中国城市绿道建设中植物多样性面临的挑战、必要性和可行性，提出了基于多类型、多尺度、多因素的系统性绿道植物多样性营建策略，拓展了风景园林学科在此领域的研究理论和营建方法，对我国城市绿道植物多样性建设实践具有一定的理论和实践指导意义。

图书在版编目(CIP)数据

城市绿道建设中植物多样性策略研究/张洋著. —上海：上海交通大学出版社，2022.11
ISBN 978-7-313-25731-4

Ⅰ. ①城… Ⅱ. ①张… Ⅲ. ①城市道路—道路绿化—植物—生物多样性—研究 Ⅳ. ①TU985.18

中国版本图书馆 CIP 数据核字(2021)第 222076 号

城市绿道建设中植物多样性策略研究
CHENGSHI LÜDAO JIANSHE ZHONG ZHIWU DUOYANGXING CELÜE YANJIU

著　　者：张　洋
出版发行：上海交通大学出版社　　地　　址：上海市番禺路 951 号
邮政编码：200030　　电　　话：021-64071208
印　　制：上海万卷印刷股份有限公司　　经　　销：全国新华书店
开　　本：710 mm×1000 mm　1/16　　印　　张：14.75
字　　数：203 千字
版　　次：2022 年 11 月第 1 版　　印　　次：2022 年 11 月第 1 次印刷
书　　号：ISBN 978-7-313-25731-4
定　　价：78.00 元

前言

目前中国正处在城市绿道建设的热潮中，人们以往认为城市绿道的主要功能是交通和游憩，导致对其生态功能特别是植物多样性价值的忽视。植物作为城市绿道的重要基础，也是构建城市绿色生态网络的基础，人们对植物多样性的忽视，造成城市生物栖息地的锐减，植物扩散、动物迁徙的廊道受阻，最终导致城市变成“生态荒漠”，而且随着城市规模的不断扩大，绿道植物多样性的丧失对城市生物多样性和生态系统的影响越来越大。因此，人们需要重新思考城市绿道植物多样性对于城市乃至整个区域生态系统的意义。

在理论研究部分，本书对城市绿道和植物多样性的相关基本理论进行了梳理，分析了城市绿道的构成、功能和植物多样性思想演变历程等内容，并结合植物多样性的特征，从植物物种、植物群落特征和景观结构三个方面分析了城市绿道建设的主要影响因素，从而为城市绿道植物多样性营建策略的研究提供理论基础。同时，剖析了我国绿道建设中植物多样性营建所面临的多重挑战，阐释了城市绿道植物多样性研究的必要性，通过分析绿道的特征和植物多样性的功能论述了研究的实用性。

在理论研究的基础上，本书基于绿道的类型、尺度和社会驱动因素三个层次，提出城市绿道植物多样性的营建策略。首先，基于山林型、滨河型、绿地型、道路型四种不同类型的城市绿道，在分析其特点的基础上，针对每种类型绿道植物多样性存在的问题，提出相应的营建策略，并结合范例进行解析说明。其次，基于宏观、中观、微观三种不同尺度的绿道，提出了城市绿道植物多样性的营建策略。从宏观尺度上提出城市绿道网络的构建策略，从中观尺度上提出空间连通性、宽度适宜性、生境类型多样性三种策略，在微观尺度上提出乡土植物营建、群落自然演替、原生生境保护和恢复、生境面积适宜性四种策略。最后，基于社会驱动因素，提出了城市绿道植物多样性的营建策略，包括建立多学科合作模式，设置管理机构、制定相关政策法规，加强公众和社会团体参与，保障资金来源等方式。多视角综合性的分析，使城市绿道植物多样性的策略研究尽可能全面和完善。

本书从风景园林学的视角切入，剖析了中国城市绿道建设中恢复植物多样性面临的挑战以及维持植物多样性的必要性和可行性，提出了基于多角度的系统性的城市绿道植物多样性营建策略，拓展了风景园林学科在该领域的研究内容，丰富了该领域的研究理论和营建方法，对我国城市绿道植物多样性建设实践具有一定的理论和实践指导意义。

目录

第1章

绪　论

1.1 快速城市化对绿道植物多样性的巨大威胁

1.1.1 快速城市化对地区植物多样性的巨大威胁

快速城市化对地区植物多样性的巨大威胁主要体现在两个方面。其一，生物栖息地的破碎化、岛屿化。城市建设范围的不断扩大，加上公路、铁路等交通设施对自然环境的切割破坏，导致植物生境破碎化、孤岛化，有的甚至已经消失殆尽，自然生态系统遭到严重破坏。对于植物多样性来说，岛屿化的生境不利于物种之间的交流，影响花粉和种子的扩散，使许多物种面临遗传衰退，甚至灭绝的困境。其二，本地植物物种的丧失和外来物种的增加。生态环境的改变导致地区内植物组成发生变化，本地物种的种类和数量严重衰退，特别是城市中的原始植被已经基本绝迹，周边地区植物群落的受损程度也越来越严重。另外，大量出现的外来物种，也是导致地区植物群落稳定性下降的因素之一，对地区的自然生态环境造成了严重的负面影响。

1.1.2 中国城市绿道建设热潮中对植物多样性的忽视

2010 年 3 月启动实施的珠三角绿道网建设，经过不到一年时间实现了全线贯通，串联起珠三角九市，是一项集环境、社会、经济效益于一体的民心工程。此后，北京、广州、上海、成都、武汉、南京等城市纷纷开展绿道建设，至 2015 年底，全国 31 个省（自治区、直辖市）均已开展绿道规划和建设工作，除西藏外，其他省（自治区、直辖市）均已开始在全省（区、市）域范围内推进绿道规划建设[①]。例如北京市计划在未来三到五年内（2013 年至 2017 年）建设 1 000 千米市级绿道，上海市计划在未来五年内（2016 年至 2020 年）建成 1 000 余千米适宜健身休闲的城市绿道。

在人们的观念中，城市绿道的主要功能是为市民提供游憩和交通

① 资料来源：http://mt.sohu.com/20161014/n470292636.shtml.

服务，区域或者更大尺度的绿道才会更多地涉及生物多样性保护等生态功能。这就导致人们常常忽视城市绿道的生态功能，忽视了其植物多样性的重要意义。绿道是城市重要的生态廊道，植物作为绿道建设中的核心要素，构成城市的绿色生态基底。城市绿道建设中忽视植物多样性会导致城市生物栖息地的丧失，动物迁徙通道受阻，城市反而会变成“生态荒漠”。而且，随着城市规模的逐渐扩大，忽视植物多样性的城市对于整个地区的生物多样性和生态环境的威胁将越来越大。

1.1.3 风景园林学科对植物多样性领域关注不足

风景园林学作为一门古老的学科，其研究领域在不断地拓展，在传统人文、艺术领域的基础上向生态、社会领域拓展，在传统场地等小尺度空间的基础上向区域、城市等大尺度空间拓展。近几十年，风景园林学开始越来越多地参与到不同尺度的生态规划设计中，在生态系统构建中发挥出重要的作用。生物多样性是维持生态系统健康的重要方面，而植物多样性是构成生物多样性的基础。

在快速城市化的大背景下，城市的生物多样性，特别是植物多样性问题日益严峻，此领域受到越来越多的关注和研究。这一块在未来将是极具开发潜力的需求领域。以往植物多样性的研究，是在生物学和生态学的理论体系基础上进行的，物种多样性、基因多样性和生态系统多样性是其主要研究的三个方面。但是，在保护生态学、现代地理科学和景观生态学等学科快速发展的背景下，植物多样性的研究内容也随之扩展到地理环境的差异性和多样性，以及生态环境和生物栖息地的多样性上。根据以往的经验，单纯依靠生态学家或者植物学家并不能很好地解决此方面的问题，而风景园林学研究是基于风景园林空间的，能够很好地面对地理环境的差异性和多样性，以及生境和栖息地的多样性等问题，在处理植物多样性方面的问题上具有其他专业不能比拟的优势。因此，风景园林学专业的有关专家、学者对植物多样性方面应该予以更多重视，加强在该领域的研究，并在解决该领域问题的实践中发挥更重要的作用。

1.2 城市绿道植物多样性研究内容与范畴界定

1.2.1 研究内容

第1章就研究背景、研究目的和意义、研究范畴等内容进行说明，分析和评价国内外专家、学者在城市绿道植物多样性方面的研究进展，并明确本书的研究方法和研究框架。

第2章和第3章在理论和文献研究的基础上，分别对城市绿道和植物多样性的相关基础理论进行研究，为后面营建策略的提出奠定基础。

第4章主要针对中国城市绿道建设中暴露出来的问题，指出建设中国城市绿道植物多样性面临的多重挑战，从生态意义、景观美学意义、科普教育意义、经济意义四个方面提出城市绿道植物多样性营建的紧迫性和必要性，并且分析研究其建设实施的可行性。

第5章主要基于城市绿道的不同类型，提出城市绿道植物多样性的营建策略。在研究山林型绿道、滨河型绿道、绿地型绿道、道路型绿道特点的基础上，针对不同类型绿道的植物多样性问题提出相应的营建策略，并结合范例进行解析。

第6章主要基于宏观、中观、微观三种不同尺度，提出城市绿道植物多样性的营建策略。其中基于宏观尺度提出城市绿道网络的构建策略；基于中观尺度提出空间连通性、宽度适宜性、生境类型多样性三种策略；基于微观尺度提出乡土植物营建、群落自然演替、原生生境保护和恢复、生境面积适宜性四种策略。

第7章主要基于社会驱动因素，阐述城市绿道植物多样性的营建策略。结合城市绿道植物多样性的特点和要求，提出通过建立多学科合作模式，设置管理机构，制定相关政策法规，加强公众和社会团体参与，保障资金来源等方式来推动城市绿道植物多样性的顺利营建。

第8章对本书的研究内容和创新点进行总结概括，并且对未深入研究的内容和不足之处进行总结，最后提出对未来相关研究的期望。

1.2.2 研究范畴界定

1.2.2.1 城市建成区范围

绿道规划系统主要包含区域绿道层面、城市绿道层面和场所绿道层面三个层次（见图1-1）。城市绿道层面包括市域绿道规划和建成区绿道规划。本研究将范围限定在城市建成区内的绿道。由于以往对涉及绿道的植物多样性研究主要集中在区域绿道层面，所以在城市绿道层面特别是城市建成区范围内的研究往往得不到重视，导致这一层面的植物多样性保护的价值和意义容易被忽略。实际上，城市建成区作为与人类关系最密切、对人们生活影响也最大的区域，属于生物多样性敏感地段，植物种类更加丰富多样，周围环境也更加复杂，其绿道的植物多样性对整个城市甚至区域的生态环境和生物多样性影响巨大，因此具有更高的研究价值。同时，由于快速城市化进程，相对于其他区域，城市建成区的植物多样性受到了更严重的影响，因此具有更高的研究紧迫性。

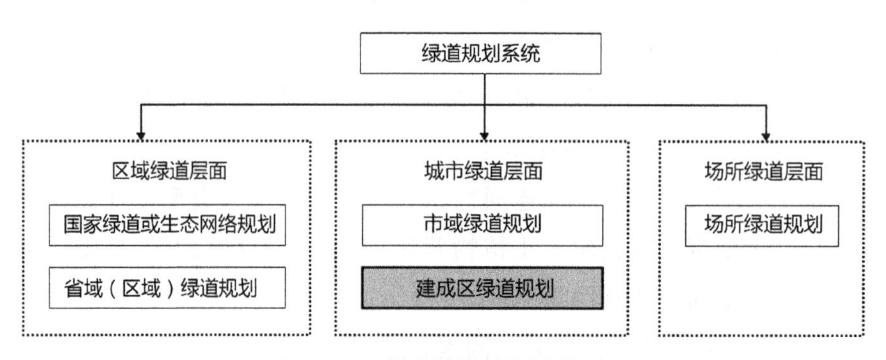

图1-1 绿道规划系统结构图

1.2.2.2 植物多样性

城市生物多样性包括植物多样性和动物多样性，两者联系紧密，息息相关。本书集中在城市绿道的植物多样性策略研究上，主要基于以下两个原因：

其一，对于绿道本身来说，植物是城市绿道的基础。绿道在本质上是由植物作为本底资源构成的线性开放空间，所以绿道功能的发挥离不开植物的作用。植物在绿道中为生物提供了栖息地和迁徙廊道，能维持绿道的生物多样性，同时植物为人们提供了生态服务功能：改善生态环境，调节小气候，降低自然灾害影响，等等。

其二，对于城市而言，植物是城市生命支持系统的基础。绿道作为城市重要的生态廊道，在城市中形成生态网络结构，植物以绿道为载体构成了城市的绿色基底。植物多样性的实现能改善城市生态环境，有助于将自然环境中的动植物重新引入城市，进而实现城市的生物多样性。

1.3 国内外相关研究进展

1.3.1 国外的研究进展

1.3.1.1 美国

美国建设绿道主要看重其游憩和交通功能，将绿道作为连接城市和乡村的通道，人们能够方便地到达居住地周围的开敞空间。随着绿道概念的拓展，人们逐渐认识到绿道在生态保护方面的重要作用，开始注重绿道生物多样性保护方面的研究。

查尔斯·E. 莱托(Charles E. Little，1990)在《美国绿道》中提出了绿道的概念，将绿道划分为五种基本类型并分别进行阐述。虽然他在书中没有单独提及植物多样性保护的内容，但该书第四章“城市的河流”和第六章“自然廊道”主要围绕自然生态和生物多样性保护的内容进行论述，通过结合实例和其他学者的观点，说明生物多样性保护的意义和价值。另外，书中还单独列举了十多个绿道建设的案例，其中有一部分案例涉及植物多样性保护的内容。

查尔斯·A. 弗林克(Charles A. Flink)等(1993)在其著作中主要介绍如何处理绿道建设中的实际问题，如土地使用权的获得、道路设计、洪灾控制、责任与义务等，还提到了绿道建设中的多种技术手法，通过案例来说明如何应用这些技术手法。绿道植物多样性保护方面的内容在该著作中鲜有涉及，只在第七章“提高土地自然价值”和第八章“关注河流、溪流和湿地”的部分论述中提及生物多样性保护的内容。

丹尼尔·S. 史密斯（Daniel S. Smith）等（1993）的著作从绿道的概念与起源、物种的功能保护、生态保护等方面进行了比较全面的阐述，其中特别提到了生态绿道、动物通道、滨水绿道等的一些设计方法，属于较早从方法论方面探讨动植物多样性保护内容的文献。书中同时举出了多个案例，对绿道的动植物多样性设计方法和具体应用进行了说明。

莱恩汉（Linehan）等（1995）在野生生物保护研究和理论的基础上，运用传统的分区规划理念的反向思维对绿道进行规划。规划总共包括七个步骤：① 野生动物评估，含对野生动物的指示物种、种群、物种清单等的评估；② 连接度分析，分析节点之间的连接度时运用引力模型等技术；③ 节点分析，运用图形理论对系统中的所有节点进行分析；④ 网络分析；⑤ 生境评估和适宜性分析，对物种所在栖息地的形状、大小、质量和植被覆盖度等特性进行评估；⑥ 土地覆被评估，含对植被、水文、土壤等资料的评估。

文克·E. 德拉姆施塔德（Wenche E. Dramstad）等（1996）针对生物多样性保护，从景观生态学的角度，提出景观设计中廊道的空间布局形态。运用图示化的语言就廊道的连接度、踏脚石安置、河流廊道的宽度等问题进行探讨。虽然篇幅不多，但这些基本原理仍然适用于绿道中的空间布局研究。

乔迪·A. 希尔蒂（Jodi A. Hilty）等（2006）主要针对生态网络的连接性问题进行研究，分别从为何提高连接度、提高连接性的要素、提高连接性的方法三方面进行阐述，形成了关于生态网络连接性方面的重要研究资料。

保罗·黑尔蒙德（Paul Hellmund）等（2018）对绿道的生态功能进行了比较全面的论述。从作为野生生物通道的绿道、河流绿道与水资源的关系、绿道的社会生态价值、绿道的生态设计等多方面阐述了绿道的功能，还提到了绿道设计的原则、模型和方法。

1.3.1.2 欧洲

在欧洲，德国、英国、荷兰等国高度认同绿道的功能和价值，其不再单纯地将绿道限定为一种整合绿地资源或者保护线性廊道的方法，而是把它定义为一种生态基础设施，鼓励并倡导绿道的实践与建设，强调宏观尺度的绿道网络建设在生态保护等方面所展现出的巨大作用和优势。绿道网络的实践与建设也获得了欧洲一些重要机构和法律文献在不同程度上的支持。例如，1998 年成立的欧洲绿道联合会(EGWA)作为一个交流平台，协调了欧洲各国在绿道设计和建设中的工作；《泛欧生态和景观多样性战略》(1996)，为欧洲各国协调绿道规划建设提供了一个基本框架(张云彬 等，2007)。

德国将绿道作为推动城市更新改造、提升土地价值的手段。比较典型的案例是将鲁尔工业区的改造与绿道建设相结合，采取一系列的手段对原本破碎、闲置的荒废土地进行生态修复，并利用七条区域性绿道将它们串联起来，形成区域绿道网络，在改善生态环境、为生物提供栖息地的同时，促进旅游等主题活动的开展，恢复城市的活力。

在英国，人们逐渐意识到绿道网络对于野生生物廊道的重要性，这种线性的开放空间系统是生物的潜在使用通道，具有维持野生生物运动迁徙的功能。伦敦市按级别对城市范围内具有自然保护价值的场地进行了有效保护。例如，建立了 130 多处市级自然保留地，共占总土地面积的 20%；将位于城市规划区范围内同时具有自然保护价值的农田、林地、山体、水体以及湿地等归入自然保留地范围，即使地块处在建筑密集区，也要尽量保留自然空间；通过对野生动物的生物价值、文化价值、美学价值和遗产价值以及对伦敦人的可达性和使用性来确定自然保留地。同时，伦敦市还做出规定，相邻地区的发展不能对自然保留地产生影响，需要保留生物廊道供生物运动和迁徙，并将生物廊道相互连接，在城市范围内形成网络状结构，以保护生态系统稳定性，保持自然过程的连续性和完整性(于冰沁 等,2011)。经验表明,一些具有自然风貌的野生动植物赖以生存的自然栖息地可以在城市中得以保留。

在荷兰,过高的土地利用率导致很多生物栖息地被破坏,大量物种随之消失甚至灭绝。针对上述情况,荷兰对生物多样性保护展开了调查,结果发现野生动物出现的频率与森林斑块密度和面积的大小、栖息地质量、绿道间距离、森林和物种供给源地的距离皆成正相关,即森林内斑块密度和面积越大,栖息地质量越高,绿道间距离越小,森林和物种供给源地之间越近,动物出现的频率就越高。因此,1990 年荷兰政府出台了建设国家生态网络的政策,以期保护生物栖息地和改善栖息地环境。荷兰的生态网络规划就是在此政策的基础上进行的,建设区域和城市生态网络,对生物栖息地进行修复,减少生物栖息地的破碎化(王晓俊 等,2006)。例如荷兰的海尔德兰省通过在自然保护区之间建立绿道,强化生物栖息地之间的连通性,构建起方便动植物活动的绿色网络。

荷兰的容曼(Jongman)等(2004)认为景观连接度是体现动植物多样性保护成果的重要特征。因此,他们从绿道(greenways)、生态网络(ecological networks)、景观连接(landscape linkages)和廊道(corridors)等概念,探讨其对动植物多样性保护的意义,并列举了大量欧洲和美洲的案例,说明动植物多样性保护理论和实践在这些地区的发展概况,以及在不同地区通过生态网络和绿道设计、规划实现动植物多样性保护的应用途径。如何在米兰地区建立基于焦点物种理论的生态网络即是其中的一例。他们还在绿道的基础上,提出依靠生态网络来实现生物多样性保护,这属于理论的创新。

“欧盟 Natura 2000”自然保护区网络,是欧盟自然与生物多样性政策的重要部分之一,也是欧盟成立以来进行的最大的一项环境保护行动。该自然保护区网络在欧洲大陆建立生态廊道,并开展区域合作,来保护野生动植物物种、受到威胁的自然栖息地和物种迁徙的关键地区。2011 年,该网络已覆盖欧盟 27 个成员国总领土面积的 17%,超过 1 000 种动植物和 200 多个栖息地类型受到网络的保护

(张风春 等,2011)。

1.3.1.3 亚洲

新加坡是绿道建设实践开始较早,且比较成功的亚洲国家之一。新加坡从1991年开始建设全国性的绿道网络,将自然开敞空间、城市中各类绿地和滨海地区等主要的开敞空间连接起来。该系统既能为野生生物提供栖息地,保护生物多样性,又能在高密度的城市中为市民提供散步、骑行、慢跑的场所。新加坡对绿道网络建设的实施,有助于构建"花园城市"(张绍梁,2001)。

1973年,日本就有学者开始研究道路建设与环境共生的理念,到1997年国家层面正式推动生态道路的建设,在这期间累积了许多案例和经验方法。日本的环境保育对策主要包含重新连接破碎生物栖息地、使生物栖息地再生、改善生物栖息地的环境、创造新的生物栖息地、促进目标物种的繁殖等多类对策,针对不同区域的环境特色、场地条件、保护物种和施工要求,采用不同的措施和方法进行建设,并取得了预期的效果(丘铭源,2003)。日本学者浅川宗一郎(Soichiro Asakawa,2004)调查了日本札幌的河流绿道,通过分析数据获悉河流绿道植被的保护程度,调查结果在很大程度上会影响公众对于河流绿道质量的评价结果。1990年左右,日本实行了"创造多自然型河川计划",计划规定在条件允许的情况下,应将河堤恢复和修建为"生态河堤",即河堤建设使用竹笼、木桩等天然材料代替以往的混凝土材料(李昌浩,2005),给植物的自然生长创造空间和条件,恢复河岸两侧的植被。

1.3.2 国内的研究进展

1.3.2.1 关于绿道的理论研究

叶盛东(1992)比较全面地说明了美国绿道的基本理念和功能。范闻捷等(2000)介绍了绿道的基本概念和发展阶段,分析了中国绿道的建设所面临的挑战。车生泉(2001)研究了绿色廊道的宽度及其生物多样性功能，提出当河流廊道宽度在 60 m 以上时，可以满足植物传播和动物运动迁徙的需要，并且可以提供良好的生物多样性保护作用，当河流廊道植被宽度在 30 m 以上时，可以提高河流的生物多样性，同时绿道的植物配置应以乡土树种为主，兼顾观赏性和城市景观。豆俊峰(2002)提出要健全和完善城市绿色廊道的功能，绿色廊道要成为物种空间运动的通道并发挥其良好的生态功能，必须达到一定的宽度。他还提出了利用公路绿化来达到联系城区各绿色斑块目的的策略。朱强等(2005)以生物保护廊道和河流廊道的结构和功能作为出发点，研究分析了生态廊道的宽度及其影响因素，并对相关研究成果进行综述，总结出两种类型的生态廊道的适宜宽度值范围。陈婉、牛铜钢(2008)提出了河流生态修复的一些方法，其中关于河流形态恢复、河流近自然化景观规划设计的方面具有一定的参考价值。左莉娜(2009)研究了廊道系统与生物多样性及物质空间的互动规律，提出廊道系统的“区域-次区域-城市-城市分区”层级模式，设计出影响廊道生物多样性保护的空间规模，并将此与城乡规划领域相结合后提出空间控制原则。她还从空间布局出发，提出了一些值得借鉴的廊道的构建策略，但对物种本身的关注较少。傅伯杰等(2011)从景观生态学角度介绍了廊道的相关概念和与之相关的“斑块-廊道-基质”模式，并总结了景观中动植物的运动方式和特征，为廊道设计提供了理论基础，他们还介绍了景观生态学与生物多样性保护的内容。周作莉(2011)按照不同的绿道类型，根据现有的绿道宽度相关理论，建立了绿道宽度理论模型和衍生模型，并且推导了各种绿道类型的分量理论值，从而得出珠三角城市群绿道的适宜宽度。苏珊(2013)则对城市滨水型绿道的结构和类型进行了阐述，并分别结合国内外的相关案例，对绿道规划设计的原则、策略、内容和设计流程做了分析和说明。

1.3.2.2 关于绿道植物多样性的研究

王希华等(1998)建议将宫胁造林法作为把自然森林引入城市的手段，并介绍了该方法的原理和实施步骤(确定潜在植被、选择合适的种类、种子的采集、幼苗栽种、管理)，对绿道植物的自然化种植具有借鉴意义。姚中华等(2006)从仿自然式植物群落的角度出发，介绍了仿自然式植物群落种植的优点、群落种植的布局、群落种植的养护方法等。欧阳育林(2007)介绍了城市近自然植物群落的内涵、构建原则和构建方法。万帆等(2008)介绍了在恢复芝加哥河生态环境的过程中，作业人员运用生态驳岸技术恢复了河岸的自然特征，运用本地植物恢复了芝加哥河的生物多样性，其在河流生物多样性保护方面提供了比较好的实践案例。伦佩珊(2009)以深圳野生动物为例，探讨了基于野生动物保护的城市园林绿地设计方法，分别研究了哺乳动物、鸟类、两栖动物、鱼类的场地设计方法和植物种植策略，具有比较高的参考意义，但每种类型仅以两种动物为例，不具备普遍代表性。杨玉萍等(2009)介绍了城市近自然园林的理论基础和营建方法，具有一定的指导意义。杨肖(2010)介绍了郊野公园规划设计中灌木丛设计、水体设计和野生动物营造等方面的内容，但没有对各方面内容进行深入阐述。谭玛丽(2011)介绍了原生乡土植被覆盖城市公园对于城市生物多样性实现的重要性，并提出乡土植物覆盖城市的指导原则。詹姆斯・希契莫夫等(2011)介绍了2012年伦敦奥林匹克公园中用到的生态种植设计方法，为绿道的生态种植提供了参考。罗婉贞(2011)对珠三角绿道网建设中的相关案例做了论述，并以广州增城绿道为案例进行群落种植设计研究，但其论文的研究内容侧重于植物群落景观设计方面，对生态方面的研究内容不多。江晓薇(2012)对城市滨水开放空间水陆过渡带的岸带结构、动植物群落、能量物质流动规律进行了研究，并在此基础上提出了针对杭州地区城市滨水开放空间生态恢复的规划策略及设计方法。张楠(2014)对北京六环内的城市生态廊道(河流廊道和道路廊道)进行了研究，分别研究了生态廊道的物种分布格局、影响植物物种构成的环境因子、植物景观特征以及植物物种组成等内容，最后提出了北京城市生态廊道植物种类规划的四项基本原则，并对不同类型廊道的群落构建模式有举例说明，侧重于从物种选择角度研究北京城市生态廊道植物景观。任斌斌等(2015)运用Simpson指数(辛普森多样性指数)、

Shannon-Wiener 指数(香农-威纳指数)等,对北京城市绿道的植物物种组成、物种多样性、物种均匀度等进行调查和测定,并根据实验结果提出了绿道的类型、宽度、长度等因素会对植物多样性产生显著影响。蔡妤(2017)根据北京市绿道位置类型选取 18 条绿道作为研究对象,采取生态学群落调查方法对绿道的人工栽培植物和自生植物的物种、株高、冠幅、株数、盖度等基础数据进行统计分析,以期探讨具有不同扩散模式的自生植物在绿道内的扩散格局及与其扩散有关的外界影响因子,并构建出适宜北京绿道应用的生态群落模式。王向荣等(2020)基于研究生设计课程,以北京永引渠这条城市线性基础设施廊道空间为研究对象,提出依托永引渠构建城市绿道的规划设计途径。此项目最终作为北京城市绿色基础设施系统的重要组成部分,推动了周边区域的更新和可持续发展。殷丽峰等(2021)以北京城市绿道为研究对象,在对滨水型绿道和沿路型绿道植物多样性和植物群落特征进行调查与分析的基础上,探讨了我国城市绿道的现存问题与发展策略。

1.3.3 综合评价

国外特别是欧美等地的一些发达国家的绿道建设开始得比较早,有大量涉及植物多样性的案例可以研究和参考,因此,国外在绿道的理论研究方面比较成熟,已经形成了一套比较完善的理论体系。

中国引入绿道概念的时间较晚,从 2012 年珠三角绿道网基本建成至今只有 10 年的时间,对相关的理论和案例研究还处于一个边建设边总结的初级阶段。北京、天津、青岛、成都等城市的绿道刚刚建成或者正在建设规划中,特别是植物多样性方面的理论研究还处于初级阶段,可以借鉴和研究的案例较少。但是,各相关专业对绿道相关领域的关注度不断升温,使绿道成为一个热点问题,近几年不少专业领域内部有相关学者开始关注城市生物多样性的问题。在风景园林学及相关规划设计学科内,针对绿道特别是城市绿道植物多样性的研究仍然很少,虽然出现了一些关注植物多样性及相近领域的硕士论文,但优质的博士论文仍属凤毛麟角。在已有成果中,综述性或介绍性的文献居多,多为宏观性概述配以某个特定地区的案例分析，尚缺乏成体系的风景园林学方向的理论研究，而且现有的绿道植物多样性研究多集中于区域尺度，在城市尺度上进行的此方面研究较少。另外，一些研究缺乏科学的数据支撑，导致所述内容很难从结果上升到理论层面。

第 2 章

城市绿道的基本理论研究

2.1 绿道及相关概念辨析

2.1.1 绿道的概念

美国学者查尔斯·E. 莱托指出“绿道”(greenway)一词最早由威廉·H. 怀特(William H. Whyte)在1959年提出并在正式文件《美国户外报告》(*American Outdoors*)中首次使用(Fabos,2004)。该报告认为,户外的自然风景应是由“绿道”网络组成的,人们可以通过绿道轻松地到达周围的各种开敞空间,绿道网络会像一个巨大的循环系统,将城市和现存空间有机地结合起来。这是首个比较系统地描述了绿道的功能与形态的文件。

查阅中国知网数据库,在《世界建筑》1985年第2期的《冈山市西川绿道公园(日本)》(付斌,1985)中,“绿道”首次作为标题关键词出现。此文对伊藤造园事务所设计的“绿道公园”进行了介绍,也是中国的正式期刊文章首次使用“绿道”这一词汇。这篇文章的英文标题为 *Saikawa Boulevard Park, Okayama, Japan*. 1975—1983,其中“Boulevard”一词翻译成“绿道”,与本书绿道概念对应的英文单词“greenway”有所不同。首次将“greenway”翻译成中文“绿道”的是叶盛东,他在1992年发表的文章《美国绿道(American Greenways)简介》中有此处理。从2000年开始,中国国内关于“绿道”的学术文献开始增多,截至2016年4月,共搜索到2 118篇①。

国内外诸多学者已对绿道的概念进行过阐述,表2-1是笔者根据相关文献总结的不同学者对绿道的定义。

本书的研究对象“绿道”是一个广义概念,但是不管如何定义,都会存在一定的局限性。首先,关于“绿道”一词的翻译,英语“greenway”翻译成中文的时候由于译者的理解不同会出现不同的解释,如之前有学者将其翻译成“绿色通道”“绿色廊道”“绿脉”“生态廊道”等。也有学者

---

① 此处资料来源详见中国知网。

表 2-1 国内外绿道概念总结

来 源	概 念
福尔曼和戈登(1983)	两边都与基质不同的狭长的带状土地,从结构上分类,廊道有三种类型:线性廊道、带状廊道和河流廊道
美国户外报告(1987)	未来的户外风景应是一幅由“绿道”网络组成的生动画卷,人们能够方便到达居住地周围的开敞空间,绿道将城乡空间有机地联系起来,就像一个巨大的循环系统连接城市和乡村
查尔斯·E. 利特尔(1990)	绿道是沿着河道、山脊线等的自然廊道,或者是沿着废弃铁路线、风景路等人工走廊所建立的线性开敞空间。它是连接公园、自然保护地、名胜区、历史古迹等的开敞空间纽带
施瓦茨、弗兰克、西恩斯(1993)	任何一条绿道都可以为居住在附近的人带来很多好处,可以是一条无污染的上下班通行道、一条供骑马和骑自行车的人使用的道路,也可以是一种为野生动植物提供栖息地的手段、一种缓解住宅发展或农业活动用地压力的方法,还可以是一种保护该地域景观或历史特征的途径
埃亨(1995)	一种以土地可持续利用为目标而规划或设计的,包括生态、娱乐、文化、审美等内容的土地网络类型。该定义包含五层含义:① 绿道是线性的;② 绿道的特征是连接的;③ 绿道是多功能的;④ 绿道是可持续发展的,能维持自然生态与经济发展相对平衡;⑤ 绿道是完整的网络系统
J. G. 法伯斯(2004)	不同宽度的廊道(corridors of various widths),它们在绿道网络中相互连接,就像互连着的高速公路网络和铁路网络一样。绿道是具有重要生态意义的廊道(ecologically significant corridors)、游憩绿道(recreational greenways)和具有文化与历史价值的绿道(greenways with historical and cultural values)
特纳(1995)	绿道是从环境角度而言被认为是好的一条道路,这条道路不一定为人类服务,也不一定两侧长满了植物,但一定是对环境有积极意义的
西蒙兹(1998)	绿道是为车辆、步行者和野生动物提供的通道,之所以称为绿道是因为它们为植物所环绕,其在尺度上变化很大,从林地小径到穿越大范围山地的国家公园道都算
意大利绿道协会(2006)	绿道是限制机动车进入、环境友好的通道系统,其将城市与广大农村地区的风景资源和人们的生活活动中心连接起来

续 表

来 源	概 念
欧洲绿道联合会(2000)	绿道：① 专门用于轻型非机动车的运输道路；② 已被开发成以游憩为目的或为了承担必要的日常往返需要(上班、上学、购物等)的交通线路，一般倡导在这类道路上采用公共交通工具；③ 处于特殊地位的部分或完全退役的曾经被较好恢复的上述交通线路，其被改造成适合于以非机动车出行的人使用，比如徒步者、骑自行车者、使用限制性机动车(指被限速或特定类型的机动车)者、轮滑者、滑雪者、骑马者等
珠江三角洲绿道网总体规划纲要(2010)	绿道是一种线性绿色开敞空间，通常沿着河滨、溪谷、山脊、风景道路等自然和人工廊道建立，内设可供行人和骑车者进入的景观游憩线路，连接主要的公园、自然保护区、风景名胜区、历史古迹和城乡居住区等，有利于更好地保护和利用自然、历史文化资源，并为居民提供充足的游憩和交往空间

指出"绿道"一词在欧洲景观学派中对应的是"green corridor"，而在美国景观学派中对应的是"greenway"(徐晓波，2008)。虽然存在着一些翻译上的问题，但在现阶段"greenway"是一个比较完整的综合性概念，包含历史文化保护、生态环境保护、生物多样性保护等内容，而且中国学者在这一学术领域和相关实践中已经普遍认可"绿道"为"greenway"对应的中文翻译。因此，本书中也使用"绿道"一词。其次，虽然绿道在不同的环境和条件下有着不同的含义，但是学者们在对绿道的概念进行描述时，基本认同形式和功能是绿道的两个基本方面。绿道的形式是线性的，能够连接其他的绿地类型；绿道的功能是多样的，具有生态、交通、游憩、经济等多种功能，如有以生物保护为主的绿道，有以休闲为主的绿道，有以历史古迹保护为主的绿道，也有为野生动物提供通道的绿道。

综上所述，笔者认为"绿道"是以生态功能为基础，具有游憩、遗产保护、教育和经济产业等多种功能，同时能连接其他开敞空间形成绿色生态网络的线性绿色开敞空间。

2.1.2 与绿道相关的概念辨析

2.1.2.1 绿道与绿带的概念区别

绿带(greenbelt)的概念最初来源于埃比尼泽·霍华德(Ebenezer Howard)的"田园城市"理论。19世纪末,霍华德认为绿带是"一条环绕着田园城市的农业'乡村绿带',用来维护乡村完整性以防止城市的蔓延"(金经元,2000)。恩温(Unwin)在1933年提出了建一条宽3~4 km的"绿色环带"(green girdle)的规划方案,绿带围绕在伦敦城区的外围。该方案将公园、果园、农田、教育科研用地等纳入绿道范围内,通过这种"绿色环带"的形式来限制城市的无限扩张,保持乡村田园景观(许浩,2003)。

绿带与绿道有相似点,但不完全相同。绿带一般建设在城市外围,避免彼此独立的社区成为"组合城市",这样既保持了城市附近的乡村环境,同时也阻止了其他城市定居点与该城市相连(Little,1990),是防止城市无限蔓延的有效绿地类型。绿道除了绿带所具有的功能外,也作为人类活动的通道或者是野生动植物运动迁徙的廊道,同时还具有生态、休闲游憩等功能。绿道具有多功能性,而绿带(绿化隔离带)的功能比较单一。但不可否认的是,绿带的设计理念在当时是具有进步性和前沿性的。

2.1.2.2 绿道与公园道的概念区别

"公园道"(parkway)这一概念在1865年由奥姆斯特德(Olmsted)提出。他在1887年的波士顿公园系统规划中提出将城市里的九个主要绿地连接起来,形成波士顿"翡翠项链"。后来该系统成为美国最早的公园绿地系统。在1890年的明尼阿波利斯公园体系规划中,西奥多·沃斯(Theodre Wirth)和W. S. 克利夫兰(W. S. Cleveland)规划了长93 km的连接公园和林荫道的公园道网络(王璟,2012)。

与绿道相比,公园道的功能主要是连接大型公园和休闲空间的绿色走廊,增加市民接近自然环境的机会。因此,公园道的概念更重视人的游憩感受和人对绿色线性空间的使用,而绿道的概念中除有上述内容之外,也具有生态环境和生物多样性保护方面的内容。

2.1.2.3 绿道与城市道路绿地的概念区别

城市道路绿地是指广场绿地、交通岛绿地、道路绿带和停车场绿地等在道路及广场用地范围内的可进行绿化的用地。

城市道路绿地属于《城市绿地分类标准》"G4 附属绿地"中的一种类型,与绿道不属于同一个分类体系。但是,城市道路绿地是绿道的重要类型之一,是城市绿道的重要组成部分。绿道在内容和功能上包含城市道路绿地。

2.1.2.4 绿道与绿色廊道的概念区别

"绿色廊道"一词对应的英文是"green corridor",也是国内相关领域的研究中较为常见的一个概念。此概念直接来源景观生态学中廊道(corridor)一词。郭巍等(2011)认为绿色廊道泛指连接绿色开放空间的线性通道,它具备较强的自然特征,具体来说是指具有一定宽度的,以步道和植物为主要造景要素的带状绿色空间。

绿色廊道的特征和形态均与绿道相似,但是两者在功能上稍有不同。绿色廊道是从景观生态学角度定义的,是指以植物绿化为主的线形或带状要素,在功能上更强调其作为一种大尺度的生物通道。而绿道的功能更加综合,具有生态、游憩、历史文化、交通等层面的综合性功能。

2.1.2.5 绿道与生态网络的概念区别

生态网络是以农地、河流和植被带为主,按照自然规律相连接的自然、稳定的空间,强调自然的特点和过程。生态网络包含城市滨水绿带、街头绿地、庭园、自然保护地、苗圃、农地、山地等自然要素,通过结点、楔形绿地和绿色廊道等形式,构成一个能够自我维持的,自然、高效、多样的绿色空间结构体系(张庆费,2002)。

绿道和生态网络的区别主要在功能上。绿道建设的初衷是将其作为连接城市和乡村的通道,方便人们进入自然环境中,而生态网络建设的初衷是保护欧洲的生物物种和重要栖息地。后来,随着绿道和生态网络概念的不断拓展,两者的功能和内涵越来越趋于一致,都演变成供生物栖息和运动迁徙的基本结构。在形式上,绿道以线性结构为主,也可能相互连接形成网络状结构,而生态网络则包含结点、廊道等结构,是一个更加综合的结构。可以说,绿道是构建生态网络的连接框架。

2.1.2.6 与绿道相关的术语比较

与绿道相关的术语还有生态网络(ecological networks)、栖息地网络(habitat networks)、生态基础设施(ecological infrastructure)、野生生物廊道(wildlife corridor)、滨水缓冲带(riparian buffers)、生态廊道(ecological corridor)、环境廊道(environmental corridors)、绿带(greenbelt)、景观连接(landscape linkages)等。笔者整理相关文献资料后列出如表 2-2 所示的几个术语进行比较。

表 2-2 与"绿道"相关的术语概念的要点分析

名 称	应用地域	功能	尺度	主要空间基础	参考文献或案例
生态网络	欧洲	B	C,N,R,L	B	Physical Plan, Province of Brabant, Netherlands
栖息地网络	欧洲 北美	B	N,R,L		Noss & Harris,1986
生态基础设施	欧洲	B	R,L	B	Netherlands Nature Policy Plan,1990
绿道	北美	B,C,M	R,L	P,C	Charles Little,1990 Smith & Hellumnd,1993
野生生物廊道	北美				Smith & Hellumnd,1993 Quabbin to Wachusett

续　表

名　称	应用地域	功能	尺度	主要空间基础	参考文献或案例
滨水缓冲带	欧洲 北美	B,M	R,L	P	Binford & Buchenau,1993
生态廊道	北美	B	R,L	P	Phil Lewis,1964
环境廊道	北美	M	R,L	P	Phil Lewis,1964 Wisconsin,USA
绿带	欧洲 北美	C	R,L	C	London,England Ottawa,Canada
景观连接	北美	B	R,L	B	Harris & Gallapher,1989 Florida,USA

注：功能中,B代表生物保护,C代表文化,M代表多功能。尺度中,C代表大洲,N代表国家,R代表区域,L代表地方。主要空间基础中,B代表生物,C代表文化,P代表物理。

2.1.3　城市绿道的概念

城市绿道由于处于城市环境中,并且受到各种外界因素的影响和限制,因此其结构更加复杂,功能也更加多样。城市绿道具有以下四大方面要素：第一,地理位置,一般来说,城市绿道的范围分为城市市域和城市建成区两种,本书将城市绿道范围限定在城市建成区内;第二,空间结构,绿道的空间结构以线性或网络状结构为主,在城市中多以自然或人工的线性形式分布,具有很高的连通性及可达性;第三,多功能性,包括生态功能、游憩功能、遗产保护功能、教育功能、经济产业功能等,它将多种目标及功能整合了起来;第四,可持续性,绿道能够将自然保护和人类发展需要相协调,实现可持续发展的目标。

城市绿道的定义可以从广义和狭义两方面来理解。从广义层面来讲,城市绿道指在一个城市尺度上(100～10 000 km^2)的绿道及其组成的绿色空间网络(张笑笑,2008)。从狭义层面来讲,城市绿道就是在地理位置上位于城市建成区内的绿道。城市绿道是指在城市环境中将各种自然和人工要素连接起来，形成的多功能性城市线性绿色开放空间。其在城市的生态环境改善、文化遗产保护和引导城市生长等方面具有重要的意义。城市绿道既可以是一条供步行者或骑自行车者使用的游憩路径，一条无污染的上下班通勤道，一种缓解城市发展和住宅用地压力的载体，也可以是一种保护地域景观、生物栖息地和物种多样性的途径，一种具有提供净化水质及改善环境等生态系统服务功能的手段。

2.2 城市绿道分类

2.2.1 绿道分类研究

笔者通过查阅文献资料发现，不同学者基于绿道的尺度、功能、空间特征等从不同角度提出了绿道的分类方法（见表 2-3）。

表 2-3 不同学者提出的绿道分类方法

学　者	绿道的类型
埃亨	(1) 市区级绿道（1～100 km²）；(2) 市域级绿道（100～10 000 km²）；(3) 省级绿道（10 000～100 000 km²）；(4) 区域级绿道（>100 000 km²）
埃亨	(1) 水资源保护绿道；(2) 生物多样性绿道；(3) 历史文化保护绿道；(4) 休闲娱乐绿道
法布士	(1) 游憩型绿道；(2) 具有生态意义的走廊和自然系统的绿道；(3) 具有历史遗产和文化价值的绿道
利特尔	(1) 河流绿道：该类绿道常常是开发项目的一个组成（或者替代）部分，但往往位于被忽视的破败的城市滨水区。(2) 游憩绿道：充满个性特色的多种类型道路。该类绿道距离通常比较长，以自然廊道、运河、废弃铁路以及公共通道为基础。(3) 生态自然绿道：该绿道往往沿河流、小溪以及少数山脊线而建，有助于野生动物的迁徙、物种交换，也便于人类开展自然研究以及远足运动。(4) 风景和历史文化绿道：该类绿道常常沿道路、公路或少数水路而建，其中最典型的就是为行人提供沿着公路和道路的通道——使行人远离汽车的威胁。(5) 全面的绿道系统或网络：该绿道一般依附于自然地形，比如山谷或山脊，有时仅仅是一些随机组合的绿道或多类型的开放空间，是一种可供选择的市政或者地区的绿色基础设施

续　表

学　者	绿道的类型
理查德·T. T. 福尔曼	(1) 线性绿道是指全部由边缘物种占优势的狭长条带(如树篱、城市公园路、沟渠、铁路等)。(2) 带状绿道是指有较丰富内部种的较宽条带(如高速公路、带状公园、防护林带、城市景观隔离带、城市残留的自然林带等),每个侧面都存在边缘效应,足够形成一个内部生境。(3) 河流绿道是指河流(如城市河流、小溪等)两侧与环境基质有区别的带状植被,又被称为滨水植被带或缓冲带。河流绿道一般包含河道边缘、河漫滩、堤坝和部分高地
莫方明	(1) 山林型绿道;(2) 滨水型绿道;(3) 绿地型绿道;(4) 道路型绿道;(5) 农田型绿道
宗跃光	(1) 人工廊道(以交通干线为主);(2) 自然廊道(以河流、植被带,包括人造自然景观为主)

2.2.2　本书的城市绿道分类

分析国内外不同学者对绿道的不同分类方法,可以总结出在做绿道分类时,通常是依据绿道的尺度、空间形态、功能和依托的主要资源类型等进行划分的。

本书在综合上述分类方法的基础上,基于城市绿道所依托的主要资源类型,将城市绿道分为以下四种类型:① 城市山林型绿道,② 城市滨水型绿道,③ 城市绿地型绿道,④ 城市道路型绿道。

城市山林型绿道:沿城市地形起伏的山体地区,是山林景观观赏效果良好的绿道类型。山林型绿道通常经过城市的自然林地、风景名胜区、森林公园等绿地。城市滨河型绿道:沿城市河流等水体岸线,是具有良好的滨水景观与亲水环境的绿道类型。城市绿地型绿道:主要经过和连接城市公园、历史名园、植物园等,是景观效果良好、绿化率高的绿道类型。例如综合性公园、带状公园、植物园、历史名园、风景名胜公园等都是潜在的城市绿地型用地。城市道路型绿道:依托城市道路的慢行系统,是具有良好的景观效果的绿道类型。

需要说明的是，绿道是一个综合性的概念，其通常表现为以一种或者几种类型特征为主，兼具其他类型特征的情况。因此，不同类型的绿道在内容和特征上会有重复的情况。为了方便理论研究和资料梳理，本书主要侧重于以绿道依托的资源类型对其进行分类。

2.3 城市绿道构成与功能

2.3.1 城市绿道的构成

城市绿道主要是由绿廊系统、慢行系统、交通衔接系统、服务设施系统和标识系统所构成(见表2-4)。

表2-4 绿道基本要素

系统名称	要素名称	备注
绿廊系统	绿化保护带 绿化隔离带	
慢行系统	步行道 自行车道 综合慢行道	根据实际情况选择其中之一进行建设
交通衔接系统	衔接设施	包括非机动车桥梁、码头等
	停车设施	包括公共停车场、公交站点、出租车停靠点等
服务设施系统	管理设施	包括管理中心、游客服务中心等
	商业服务设施	包括售卖点、自行车租赁点、饮食点等
	游憩设施	包括文体活动场地、休憩点等
	科普教育设施	包括科普宣教设施、解说设施、展示设施等
	安全保障设施	包括治安消防点、医疗急救点、安全防护设施、无障碍设施等
	环境卫生设施	包括公厕、垃圾箱、污水收集设施等
标识系统	信息墙 信息条 信息块	

2.3.1.1 绿廊系统

绿廊系统由自然环境和人工创造的环境组成，主要包括野生动植物、土地、地域性植被和水体等要素，具有生态保护、科普教育、生产防护等功能。绿廊系统是绿道的生态基底，也是构成绿道系统的核心内容。

2.3.1.2 慢行系统

绿道的慢行系统主要包括综合慢行道、自行车道、步行道三种类型，一般情况下根据场地现状条件，选择其中一种进行建设（大多选择建设自行车道）。如果现状条件允许，也可以考虑建设综合慢行道。

2.3.1.3 交通衔接系统

绿道是一种线性的空间，在局部地区与主要国省道、轨道交通、城市干道共线或接驳。绿道的慢行交通体系与城市道路快速交通系统明显不同，导致在交互处容易出现两种交通方式不兼容的情况。因此，在城市绿道建设中，需要考虑如何处理绿道与轨道、道路交通的衔接区域的设计问题。

2.3.1.4 服务设施系统

主要包括安全保障设施、管理设施、游憩设施、环境卫生设施、科普教育设施和商业服务设施等。

2.3.1.5 标识系统

主要包括指路标识、安全标识、教育标识、信息标识、警示标识和规章标识六大类。各类标识必须简洁清晰、统一规范，以满足绿道使用的指引功能（蔡云楠，2013）。

2.3.2 城市绿道的功能

2.3.2.1 生态功能

绿道是一种线性或带状的景观要素，它可以作为野生动植物的“运动”(扩散迁移)和迁移通道，也具有维持生物多样性的功能，对保护生态环境有非常重要的价值和意义。其在保护生物多样性方面主要有五种功能(见图 2-1)。

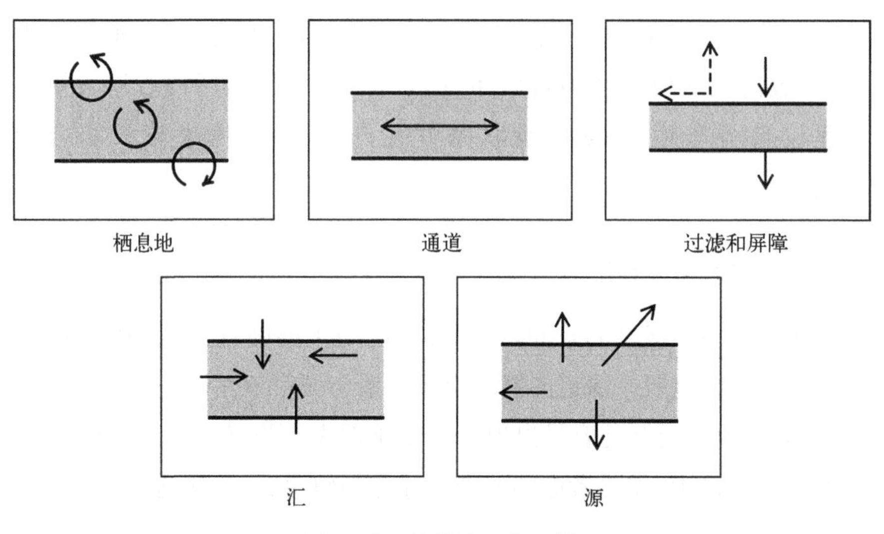

图 2-1 绿道的生态功能

1. 生物栖息地

绿道主要作为边缘种(edge species)和一般种(generalist species)的栖息地，某些多栖息地适应种(multihabitat species)和外来入侵种(exotic invasive species)也会将绿道作为栖息地。但稀有物种和濒危物种一般不会将绿道作为栖息地，除非周边区域内仅存的自然植被在绿道中。线性绿道由于宽度的限制，其拥有的主要物种是边缘种，而带状绿道和河流绿道的宽度较宽，其中通常既有边缘种又有内部种。河流廊道在大尺度景观格局中能把更多的栖息地小斑块连接起来，创造出较为复杂、规模较大的栖息地以供大型野生生物生存。

2. 生物通道

绿道作为斑块与斑块之间、斑块与基质之间、基质与基质之间的通道，能够传递基因、种子、能量，也可作为动物的运动通道。具体来说，绿道是植物散播的通道，植物种子会沿着绿道随风“运动”，或者附着在动物身上被带到其他地方。河流廊道也是植物散布和传播种子的通道。滨水带植物的种子和果实落入河流，靠水流向下游传播(董哲仁，2013)。

3. 生物的过滤和屏障

绿道能够阻挡或者过滤基因的传播。它的功能类似于“半透膜”，对一些生物来说是屏障，能够阻挡动物跨越到绿道的另一侧，使得动物沿着绿道运动或者反向运动。而对于另一些生物，绿道则是半屏障，能减少某些跨越绿道的生物数量或者过滤种类，起到生物筛选的作用。例如，一些人工走廊(如高速公路)和运河对部分野生动物的运动将形成障碍，可能会导致某些小型生物无法穿越绿道，但某些大型动物仍能够顺利通过。河流绿道相对于某些动物来说是难以跨越的。荷兰对于河流绿道的相关研究表明，河流绿道阻止了大型哺乳动物的穿越，但能为蝴蝶和小型哺乳动物提供迁徙媒介。

4. 生物的汇

绿道作为“汇”可能有几种情况。当绿道穿越大片的森林或者田地时，原本存在于基质中的动植物，为了运动(迁徙)或者扩散，就会从周围的基质向绿道中运动；或者在生物跨越绿道时，部分动植物留在了绿道中；抑或当绿道的栖息环境明显好于周围环境时，动植物也会向绿道中汇集。

5. 生物的源

绿道可以为生物栖息地的重建提供物种来源和水源等资源。当绿道穿越大片的森林或者田地时，原本沿绿道运动的动植物就会向周围的基质中扩散，绿道就成为“源”。绿道可能是野草或者害虫的“源”，也可能是捕食性昆虫和鸟类的“源”。当绿道中的动植物出生率超过死亡率或者大量生物个体集中到绿道中时，高质量的绿道还可能是野生生物的“源”。

城市绿道在自然环境保护方面，可以维持碳氧平衡、净化空气、保持水土和保护生物资源（如野生动物、水、植物、土壤等），恢复城市中已经破碎化的栖息地，在其间重新建立联系，为动植物的生存和繁衍提供栖息地和通道，从而恢复城市中原有的动植物种类和生态结构，达到保护生物多样性的目的。

但绿道也存在许多生态学方面的负面影响：其一，可能会提高疾病和外来物种的传播速度；其二，降低种群间的遗传变异水平；其三，与濒危物种的传统保护方向相对立；其四，SLOSS 的争论，即通过廊道减少破碎化与保护大的斑块之间存在争议。

2.3.2.2 游憩功能

绿道能连接城市中相互孤立的绿地，连接人们的出行地和目的地，供人们散步、慢跑或者骑自行车（Conine et al.，2004）。人们在空闲时间可以到社区附近的绿道中开展休闲娱乐活动。在绿道内部以及绿道与城市其他绿地之间，建立一个连续性的尺度适宜的与机动车相隔离的慢行交通系统，利用植物、水体等元素替代冰冷的水泥、沥青，给步行者或者骑行者创造一个安全、健康的绿色交通网络，可以提高居民的生活质量。同时，绿道将城市和自然重新联系起来，人们可以通过绿道返回到自然中去，从而增加了人们与自然接触的机会。

2.3.2.3 遗产保护功能

绿道可以有效地串联各种有代表性的历史文化古迹和自然人文景观资源，如连接重要的风景名胜、文化遗址、公园等景点，增加和丰富所在地区人们的乡土和历史认同。在有效地保护历史文化资源本身及周边环境的同时，绿道也能将历史文化资源空间展示体系构建出来，强化城市的文化特色，让人们从中了解城市的历史，增加归属感和认同感。

2.3.2.4 教育功能

在绿道带来的社会效益中，绿道的教育功能往往最容易被忽略。

基于绿道的景观美学、游憩及城市风貌塑造的作用，绿道可以作为学习和教育的媒介。城市化进程加快，城市范围不断扩大，导致人与自然接触的机会减少，特别是青少年很难再去从自然中学习成长。而绿道可以给身处其中的人提供大量的亲身感受自然、体验自然的机会，让其在休闲娱乐的过程中，学到自然科学知识，提高保护自然的意识。

2.3.2.5 经济产业功能

绿道作为城市中难得的自然资源，能吸引大量的人流聚集。绿道可以改善和提升环境质量，吸引更多的人来当地旅游、消费和投资，从而带动地方的经济发展。美国的麦阿密风景小道在建成后，每年可以为俄亥俄州沃伦县吸引 15 万～17.5 万的游客，为当地创造 277 万美元左右的商业收入和 200 万美元以上的旅游收入。绿道具有的生态资源、景观资源、潜在市场等诸多利好因素，大大提升了沿线土地的价值(周年兴 等，2006)。而且，绿道为人们提供高质量居住环境，可以大大降低心脏病、糖尿病和癌症等疾病的发病率，节省相关的医疗开支。

2.4 城市绿道建设的主要策略

2.4.1 保护性策略

保护性策略是指在场地未受到干扰或者受到很小干扰的情况下，提前对场地进行保护，防止进一步破坏。这种措施的采用主要是为了减少土地破碎化所带来的负面影响，将破碎化的、孤立的生境进行重新连接并加以保护。通过这种方式，绿道可以为不断减少的自然资源加上屏障，减缓或者停止破坏的进程。这类绿道一般包括城市公园、自然森林、湖泊、湿地等。

例如，波士顿“翡翠项链”公园系统，通过绿道将波士顿公地、后湾沼泽地和泥河等九个城市公共绿地连接起来，既增加了附近居民进入公园的机会，又保护了这些城市中的重要绿色空间，防止城市开发建设的占用(侯森，2009)。

2.4.2 恢复性策略

恢复性策略是指在场地已经受到干扰或者污染之后，通过生态恢复等手段重新建立或恢复场地的自然状态，这种策略就是让自然重新“入侵”场地。这种恢复需要大量的资金和人力投入，也是绿道建设中常见的办法。这类绿道一般包括了棕地恢复、人工河道的生态修复以及山林的生态恢复等。

例如，美国得克萨斯州休士顿市的布法罗河口绿道，曾经是休斯敦市中心附近被高架桥包围、水质污染严重、犯罪率较高的一块场地。SWA设计事务所对场地进行了生态修复改造，采取了生态驳岸设计，重新种植大量乡土性和观赏性植物，改善场地的照明设施等一系列手段，并且通过绿道将城市和河流重新建立起联系，进而将河流改造成既具有生态价值又风景宜人的城市绿色开放空间，将河流重新融入城市环境中。

2.5 城市绿道植物多样性的概念

目前，专家学者对城市绿道植物多样性没有一个很明确的定义。笔者综合相关概念和理论，将城市绿道植物多样性定义为城市绿道范围内植物物种的总和，包括天然物种和栽培物种，是生物多样性中以植物为主体，由植物与植物之间、植物与环境之间相互作用所形成的复合体及与此相关的生态过程的总和。

2.6 绿道建设中植物多样性思想的演变

2.6.1 植物多样性思想在个别案例中有所体现

在19世纪中期以前，人们没有植物多样性营造的思想观念。例如，17世纪的法国古典主义园林中植物的功能以造景为主，通过整齐的修剪、造型，突出人工园林的规整美，起到强化景观轴线的作用。1856

年，法国在布洛尼林苑和市区之间修建了林荫大道，中间为马车道，两旁种植行道树。可以说，这类林荫大道已经具备绿道的交通和游憩等功能，人们开始试图将自然环境引入城市，但是这时候植物的主要功能仍是以装饰和造景功能为主。

19世纪中期，奥姆斯特德等在波士顿地区规划了一条被誉为“翡翠项链”的波士顿公园绿道。这条长约16 km的绿地系统连接起波士顿公地、公共花园、马省林荫道、滨河绿带、后湾沼泽地、河道景观和奥姆斯特德公园、牙买加公园、阿诺德植物园和富兰克林公园九个城市公共绿地（见图2-2）。设计最初的目的是希望利用公共绿地来改善城市恶劣的生活环境，提高市民进入公园的机会，并试图将城市公园用线性的公园道等方式连接起来（侯森，2009）。

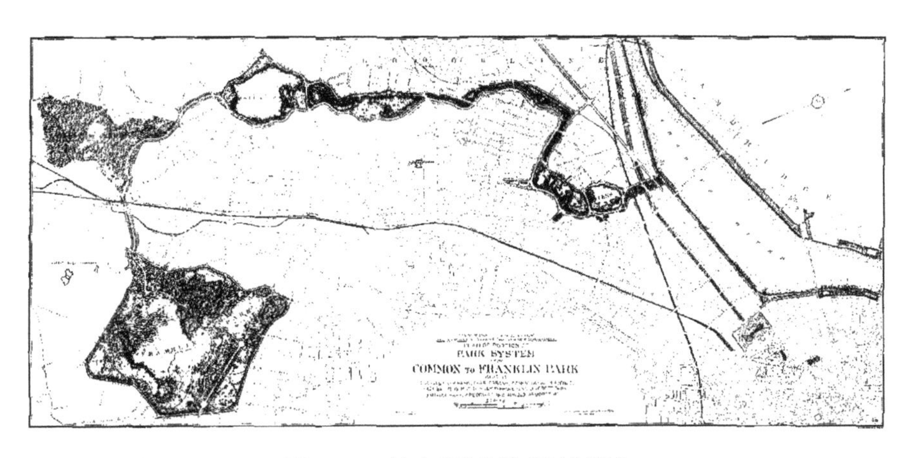

图2-2　波士顿“翡翠项链”绿道
（图片来源：www.google.com）

值得注意的是，在波士顿“翡翠项链”绿道中，已经体现出一些植物多样性保护的思想。奥姆斯特德在对河流进行改造的过程中，坚持恢复河流的自然原始形态，并恢复了已经消失的湿地和滩地。在洪泛滩地的生态恢复中，人们沿河岸两侧种植了约10万株耐盐碱、耐水湿的灌木类、攀援类和各种花卉植物，从而恢复了沼泽地整体的自然演进过程（杨冬辉，2002）。在后湾沼泽地公园中则尽可能地保留原有的咸水沼泽生境，并营造出草坪、林中草地、灌木丛、混交林等多种自然生境，同时在场地中减少建筑的建造，为生境扩展留出足够的空间，从而营造出城市咸水沼泽生境(见图 2-3)。在不同生境之间实行分区管理，减少人类活动对生境的干扰(王敏 等，2014)。

图 2-3　后湾沼泽生态恢复的前后对比
(图片来源：*The Granite Garden*)

19 世纪末，奥姆斯特德的学生查尔斯·艾略特(Charles Eliot)在奥姆斯特德工作的基础上，完成了波士顿都市区公园系统，建立了一个以五种基本景观类型(海岸线、河湾、港湾、大片林地、城市广场)为结构的开放空间系统。他在植物多样性理论研究方面的主要贡献是在 1890 年发表了《摇曳的橡树林》(*Waverly Oaks*)。他在文章中呼吁保护位于美国马萨诸塞州贝尔蒙特(Belmont)山的一片栎树林。后来，查尔斯·艾略特在 1896 年完成了名为“保护植被和森林景象(vegetation and forest scenery for reservation)”的研究。他在该研究中提出了“先调查后规划”理论，该理论的主要贡献在于将景观设计学研究从经验主导转到科学、系统的研究上来。该理论甚至影响到 20 世纪 60 年代以后的菲利普·刘易斯(Philip Lewis)和伊恩·麦克哈格(Ian McHarg)做生态规划(徐文辉，2010)。

进入 20 世纪 60 年代，实施生态廊道规划受到规划者的环境保护思想的影响。生态保护方面的著作也相继问世，如 R. 卡逊(R. Carson)在 1962 年出版了《寂静的春天》，德内拉·梅多斯(Donella Meadows)等在 1972 年出版了《增长的极限》，E. 戈德史密斯(E. Goldsmith)于

1972年出版了《生存的蓝图》。这些著作引起了人们对环境和生态问题的极大关注。随后，逐渐开始出现一些关于保护植物多样性的规划方法。比如，威斯康星大学的教授菲利普·刘易斯在19世纪60年代初提出了环境资源分析的地图研究法，并通过这种方法对威斯康星州的220处文化和自然资源进行了定义。他和同事在将这些资源进行地图上的定位和叠加后发现，这些文化和自然资源主要沿着廊道分布，主要集中在河流及主要的排水区域周围。他们将其命名为“环境廊道”(Fábos，2004)。

1969年，美国宾夕法尼亚大学的教授伊恩·麦克哈格在其出版的著作《设计结合自然》中创造性地提出了一种新的土地评价方法——“千层饼”模式的土地适宜性分析规划方法。该方法通过评价不同场地各部分的生态价值，为后续对土地进行规划和利用提供依据。伊恩·麦克哈格的研究内容涉及大量的绿道规划问题，这在他所做的众多流域规划案例中尤其能体现出来。

2.6.2 植物多样性思想开始受到普遍关注

20世纪80年代以来，绿道的生态环境保护作用越来越明显，专家学者开始关注孤岛保护区(isolated reserves)野生动植物中的“岛屿种群”问题，以及提出自然廊道的存在是为物种交换提供空间，进而保证“岛屿种群”不至于灭绝。美国和欧洲的学者们开始利用绿道解决城市自然和文化公园较少考虑野生动植物物种生存需要的问题(Baschak et al.，2004)。

关于绿道动植物多样性保护的思想，在美国学者出版的诸多著作中都有所体现。1990年出版的经典著作《美国绿道》一书中就有多个案例涉及植物多样性保护的研究。《景观与城市规划》(*Landscape and Urban Planning*)杂志1995年第33卷“绿道”专辑中，学者们在一定程度上就绿道的定义和功能达成了共识，将绿道的保护动植物、提供野生生境的功能提到了一个新的高度。乔迪·A.希尔蒂等(2006)在《生态绿道——基于生物多样性保护的连接性景观的科学与实践》中，提出通过廊道连接栖息地形成生态网络框架的理念。同年，保罗·黑尔蒙德等(2006)在《绿道设计》中对绿道的生态功能进行了比较全面的论述，并提出了绿道作为生物的栖息地和迁徙廊道的理念，还提出了生态绿道的一些设计方法。同时，美国的绿道建设实践案例越来越多地体现出植物多样性保护的思想。典型案例有新英格兰地区绿道网络规划、波士顿罗斯·肯尼迪绿道、纽约高线公园、休斯敦水牛河漫步道、休斯敦河口绿道网络(见图2-4)等。

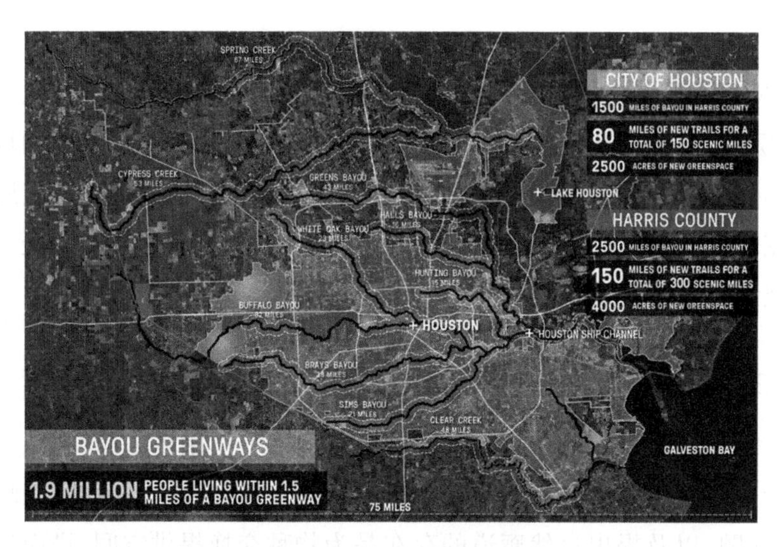

图2-4　休斯敦河口绿道网络

(图片来源：www.asla.org)

欧洲的绿道动植物保护思想主要体现在通过绿道构建生态网络上。荷兰的容曼(1995)进行了基于自然保护目的的欧洲生态网络的规划与研究。英国的绿道网络研究主要集中在野生动物廊道方面，强调绿道作为野生生物线状开放系统的潜在疏导功能。米兰地区基于焦点物种的保护建立生物网络，并将生态网络作为地区自然保护或破碎化景观多功能利用的战略性策略。荷兰的海尔德兰省通过在自然保护区之间建立绿道，强化生物栖息地之间的连通性，构建起方便动植物活动的绿色网络。欧洲利用生态网络进行区域甚至国家尺度的以自然保护为原则的生态规划，如“欧盟 Natura 2000”自然保护区网络，是欧盟最大的环境保护行动，也是欧盟在保护自然与生物多样性政策中的核心部分。欧洲在营建绿道植物多样性方面也进行了大量的研究和实践，例如伦敦东南绿链、德国柏林苏姬兰德自然公园、荷兰海尔德兰省“绿色纽带”工程等。

2.7 小结

本章在文献研究的基础上，主要对城市绿道相关的基本理论研究进行了整理和归纳。首先辨析了绿道和城市绿道的概念，对绿道分类进行综述。然后明确了本书研究的城市绿道的类型，包括山林型绿道、滨河型绿道、绿地型绿道和道路型绿道，介绍了城市绿道的构成和功能（主要功能包括生态功能、游憩功能、遗产保护功能、教育功能和经济产业功能等），总结了城市绿道规划建设的主要策略。最后梳理了在绿道建设中营建植物多样性思想的演变。

第 3 章

植物多样性的基本理论研究

3.1 植物多样性概念与研究内容

3.1.1 植物多样性的概念

植物多样性是指生物多样性中以植物为主体，由植物与植物之间、植物与环境之间相互作用、相互影响形成的复合体及其生态过程的总和(杨小波，2009)。它是生物多样性的主要研究内容之一，也是生物多样性的基础。

3.1.2 植物多样性研究内容

生物多样性的研究包括遗传多样性、物种多样性、生态系统多样性和景观多样性四个层次。植物多样性的研究同样包括这四个层次的内容。

3.1.2.1 遗传多样性

植物遗传多样性是指植物种内的基因丰富的状况，亦称为基因多样性。遗传多样性丰富了植物的花色和品种，提高了植物的观赏性，例如蜡梅有素心品种群、红心品种群和乔种品种群等诸多品种。物种间及物种与环境间的相互作用方式主要受种群动态、基因遗传变异、遗传结构等因素的影响，但因人类活动的加剧引起的生态环境恶化及其他人为干扰因素，也会对植物的遗传多样性产生影响。

3.1.2.2 物种多样性

植物多样性在物种水平上的表现形式就是植物物种多样性。植物物种是否具有多样性主要从两个层面评价：一是物种的均匀度，即研究群落中植物分布的均匀程度；二是物种的丰富度，即对特殊区域内的物种数量和分布特征从生物地理学、系统学和分类学等角度进行综合研究。物种丰富度可以评价一个生境或者群落中物种数量的多少，是物种数量比较直观的反映。物种的均匀度和丰富度综合起来，可以反映植物的物种多样性。物种多样性是植物多样性的基础(孙志勇 等,2012)。

3.1.2.3 生态系统多样性

生态系统多样性是指不同生态系统之间存在差异性。生态过程多样化保证了生态系统的正常运转。生境多样性是构成生态系统多样性的基础,植物群落多样性则反映了生态系统类型的多样性。通常情况下,物种及其群落结构越复杂、多样性越强,组成的生态系统越容易处于相对稳定的状态。此外,生态系统具有调节小气候、净化水质、保持水土、防风固沙等多种生态服务功能。对植物的生态系统服务功能的评价已经成为目前有关研究的焦点问题之一。

3.1.2.4 景观多样性

近年来,越来越多的学者认识到景观多样性是植物多样性不可或缺的重要组成部分,对景观多样性层次的研究在植物多样性研究领域中受到越来越多的关注(马克平 等,1998)。景观多样性包块斑块多样性、类型多样性和格局多样性,是指不同类型的景观要素在功能机制、空间结构和时间动态方面的变异性或多样化(马世骏,1994)。景观的基本组成单元是景观要素,根据景观要素形态的差异,可以将其分为斑块、廊道和基质三种类型。斑块是构成景观的最小均质单元。廊道是连接斑块的重要纽带和桥梁,是线性或带状景观要素。基质在通常情况下作为景观的背景,是面积最大、连续性最好的部分。

景观多样性可以构建植物所需要的多样化生态位,保障植物种群的正常繁衍,还可以为植物提供异质性生境,吸引和容纳更多种类的植物生长和繁殖。目前,城市化已导致城市生境的同质化,植物自然生境的逐渐退化或丧失造成了植物多样性的减少。因此,城市植物多样性的营建不能仅仅停留在城市公园设计或者绿地系统规划中普遍采取的物种规划层次上,还应营造多样的异质化生境,改变城市人工环境中生境同质化的趋势。另外，植物多样性研究还涉及生境破碎化对植物多样性的影响、植物多样性保护与景观格局的联系、人类活动对景观多样性的影响等几方面内容。

3.2 植物多样性的主要保护途径

就地保护和迁地保护是目前植物多样性保护最主要的两种途径。

3.2.1 就地保护

就地保护主要通过保护目标植物的野生生境及其所处的生态系统，即保护植物的生长环境，维持其正常的物质循环和能量流动，促进植物的繁衍与进化，来实现植物多样性保护的目的。目前，就地保护是植物多样性保护最直接且最有效的手段，主要方式是建立国家公园、森林公园、自然保护区等。

3.2.2 迁地保护

迁地保护是指将植物移到它们的自然环境之外进行保护，包括建立植物园、树木园、基因库等方式。迁地保护的最大问题是要消耗大量的人力、物力和财力成本，却未必能获得理想的效果。因为植物离开了其原先的生长环境，新的环境可能会对其生长发育产生不良的影响。因此，植物多样性保护应以就地保护为主，迁地保护只能作为一种辅助手段。

3.3 植物多样性的主要影响因素

植物多样性的主要影响因素包括三大方面：植物物种与植物多样性、植物群落特征与植物多样性、景观结构与植物多样性，如图 3－1所示。

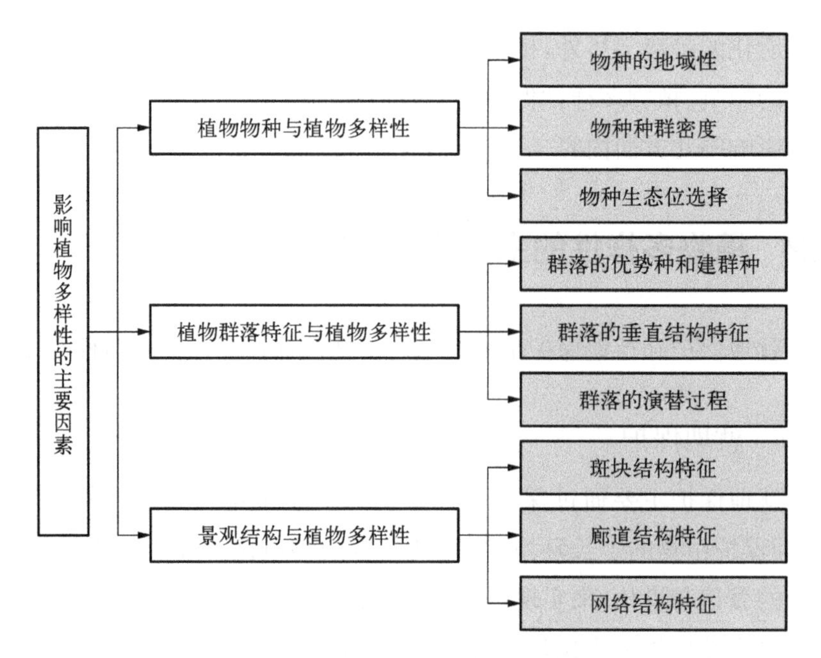

图 3-1　植物多样性主要影响因素

3.3.1　植物物种与植物多样性

3.3.1.1　物种的地域性

植物物种具有明显的地域性特征，例如中国大兴安岭地区的植物群落类型与海南岛的植物群落类型具有很大的差异。植物的地域性分布遵循按经纬度和海拔不同来分布的规律。因为地理环境条件不同导致生态因素也不相同，即使在一个较小的范围内，环境条件的差异仍然会造成不同植物群落的差异性分布，比如阳坡和阴坡的植物类型可能不同，山麓和山顶的植物类型也可能不同。

植物的地域性是指不同的植物类型能够适应不同的气候环境特征，这是长期自然选择的结果。地域性植物，即乡土植物，是自然生态系统在生境、生态位以及群落的长期自然演替过程中形成的植物群体。其对当地的光照、土壤、水分有很强的适应能力，形成的植物群落也具有较好的稳定性，而且在生态建设中表现出明显的优势，能够更好地为当地环境提供生态服务功能，例如净化空气、防风固土、改良土壤等，不仅有利于生态环境的改善，而且可以为动植物创造栖息环境等。乡土植物是一片场地原始的植物“本底”，其植物类型及群落结构可以作为城市绿道植物多样性营建的参考。

城市绿道的植物物种选择应根据植物的地域性特征，以植物的区系划分为依据，选择适应当地条件的乡土植物类型，特别是优势种群的构成更要坚持以乡土植物为主的原则。同时，植物群落的物种搭配和构成比例也要参考地域性群落的组成。只有这样才能形成与当地气候环境条件相适应、结构相对稳定合理、功能完善的城市绿道植物群落。

3.3.1.2 物种种群密度

植物的物种种类和数量是植物多样性的基础，植物的种类和数量越多，意味着其具有越好的植物多样性。影响植物物种种类和数量的是植物的种内关系和种间关系。种内关系亦称种内的相关作用，指同一种群内不同个体间的相互关系。种内关系中对植物多样性影响最大的是植物种群内个体之间的竞争，主要表现为个体之间的密度效应。

种群密度不仅影响植物生长发育的速度，而且影响植物的存活率。每一个物种的种群密度，都有一定的变化限度。最大密度是指特定环境所能容纳某种植物的最大个体数，到达这个密度，种群数量将不再增长；最小密度是指群落维持正常繁殖，弥补死亡个体所需要的最小个体数，如果低于最小密度，则种群难以生存。在最大密度和最小密度之间存在一个最适密度。当种群处于最适密度状态时，种群中的个体才能协调共生。最适密度是种群数量与环境之间达到最佳的相对平衡时的状态。在这种状态下，个体能够最大限度地利用自然资源，并且不会导致种内和种间的恶性竞争。

在进行城市绿道植物种植时，应遵循密度效应原理，合理配置种内和种间的植物密度，防止因种植密度过高造成种内不必要竞争、植物生长不良和生态功能衰减。同时也要避免植物种植密度过稀，导致植物群落的复杂性不够，影响植物群落的稳定性。

3.3.1.3 物种生态位选择

影响物种种类和数量的种间关系主要是植物种间竞争。种间竞争是指对环境和资源需求相似的物种之间，产生的一种对对方形成直接或间接性抑制的现象。种间竞争发生的主要原因是群落中存在两种具有相同生态位要求的植物物种。

R. H. 惠特克(R. H. Whittaker)认为，两个物种不可能在一个稳定的群落中占据同一个生态位，也不会在相同的时间利用相同的资源。换句话说，如果两个物种能够生活在同一个稳定的群落中，它们的生态位一定是不同的。一个群落中种间生态位的多样化，是由于直接竞争的多个物种在对资源利用或生态环境的某些因素充分利用时，各自选择有利的条件，回避不利条件，长此以往发展而来。因而作为一个多种或多层的群落，它是具有多种生态位的系统，比单种群落更能有效利用环境资源，维持长期较高的生产力。例如在天然混交林植物群落中，不同的物种处于各自的生态位，物种间虽然存在相互的作用和影响，但仍可达到群落的相对稳定。所以，植物种类的多样性是种群间保持相对稳定性的基础(林文雄，2007)。

因此，在环境资源有限的情况下，城市绿道应选择处于不同生态位或生态位重叠较少的植物类型构建群落，避免因生态位重叠造成树种间不必要的竞争，影响植物的正常生长和发育，甚至导致植物的死亡。如图 3-2 所示，物种 M 与物种 N 之间生态位重叠较大，个体间会因为争取资源产生竞争，不利于植物的生长和群落的稳定。而物种 M 与物种 O 之间生态位不存在重叠，此两者皆可更加合理地利用资源。因此在群落植物配置时，应避免同时使用物种 M 和物种 N，而应选择物种 M 和物种 O 搭配。同时，也要充分利用植物群落中不同的生态位，保证在各个生态位上都有适宜的植物类型；充分利用自然条件和环境资源，丰富植物的种类和数量，构建物种多样性丰富、结构稳定的复合型群落，从而促进植物多样性的形成；避免因某个生态位物种的空缺，造成植物种类丰富度不够的情况。

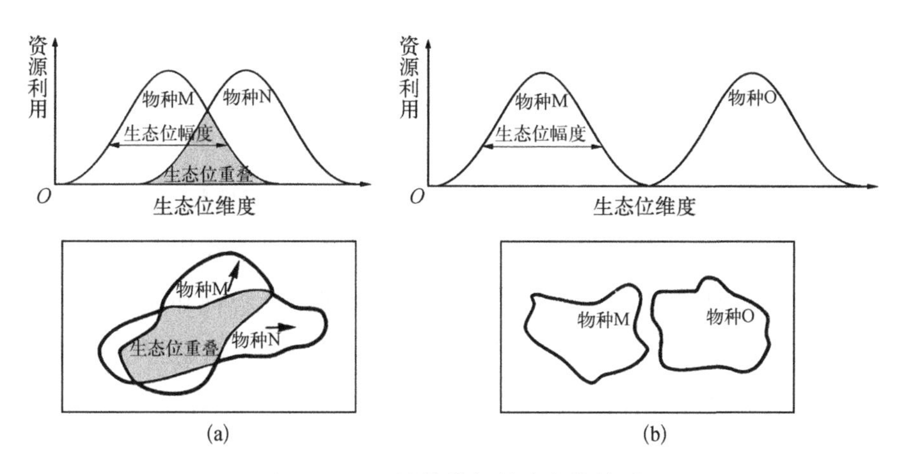

图 3－2　不同物种间的生态位关系
（a）物种 M 与物种 N 之间的生态位关系　（b）物种 M 与物种 O 之间的生态位关系

3.3.2　植物群落特征与植物多样性

3.3.2.1　群落的优势种和建群种

群落的物种组成，特别是优势种、建群种的合理选择，是维持群落生态平衡和稳定的关键。每个植物群落都是由多个物种组成的，这些物种在群落中并不具有同等的群落学重要性，其中有的是主要的组成者，对群落影响较大，而有的是次要的组成者，有的甚至是偶然的成员。优势种是群落的各层中个体数最多，生态作用最大，决定该层基本特点的植物种类。例如，糖槭是北美东部顶级森林群落中的优势种，它的数量之多对该森林群落的自然条件起到决定性影响。群落的不同层次可以有各自的优势种，比如森林群落的乔木层、灌木层、草本层和地被层都分别存在各自的优势种。一般处于植物群落最上层的优势种植物，通常是建造群落的物种，也是决定这个群落内部生态环境的物种，所以也被称为"建群种"或者群落中的"主导植物"。在生态学上，优势种不仅对群落的结构和群落中物种间的相互关系有重要影响，而且还影响着群落的稳定性。假如把群落中的非优势种去掉，群落稳定性不会发生显著的变化，但假如去掉了群落中的优势种，则会导致群落性质和周围环境的变化(李振基,2011)。

此外,群落中除了优势种之外,还有其他一些物种,虽然后者对群落的结构和性质不能起决定性作用,但是也对群落的小气候条件、土壤条件、水文条件有一定的影响。实际上群落中的各层植物是互相影响、互相制约的。亚优势种是群落的各层中个体数及生态作用居于次位的生物种类。亚优势种在一层中可能有多个物种。优势种和亚优势种分别是这一层或一群中最重要的和次重要的物种。伴生种是群落的常见物种,它与优势种相伴而生,但不起主要作用。

因此,构建城市绿道植物群落时,应根据所要构建的群落性质,明确群落在各个层次上的优势种和建群种,通过优势种和建群种的确定,构建群落的内部生态环境。在此基础上,再根据不同植物在群落中的作用,搭配与优势种相适宜的亚优势种和伴生种,实现群落的稳定性。

3.3.2.2 群落的垂直结构特征

群落结构的复杂程度往往决定了群落植物的复杂程度和丰富度,影响群落的植物种类和数量,进而影响植物多样性。垂直结构就是群落的层次性,群落的层次性保证了植物群落在单位空间中能更充分地利用自然环境条件。大多数群落具有明显的层次性,乔木、灌木、草本、地被自上而下分别配置在群落的不同高度上,形成了群落的垂直结构。在各层中又可以按植物在空中排列的高度划分亚层。例如,可以将森林群落划分为四个基本结构层次:乔木层、灌木层、草本层和地被层。

由于群落内不同高度的光照、温度、湿度以及土壤水分等生境因子的质和量都不相同,因此只有能够适应某种环境的植物种类才能生活在群落的一定高度范围内,并形成一个层次。每个层次都有一定的物种种类及个体数量,并具有一定的小生境特点。例如:需要强光温暖的植物,它们生长的位置就比较高;有些需要适度荫蔽和较高湿度的植物,它们生长的位置就低一些;需要阴暗和高湿度的植物,它们生长的位置往往就位于最底层。一般来说,群落的层次性越明显,分层越多,群落中植物的种类就越多,植物多样性越丰富。如果缺少某一个层次,同时就会缺少这个层次上的植物种类。

因此,在城市绿道中进行植物群落配置时,应该根据不同植物对生境因子的需求和适应性,合理搭配植物种类,尽可能地丰富不同层次的植物类型,在每个层次上配置处于不同生态位的多种植物,形成丰富、复杂的群落结构。

3.3.2.3 群落的演替过程

植物群落演替是影响群落能否形成植物多样性的过程。群落演替是指一种类型的群落逐步被另一种类型的群落取代的过程。对于植物来说,演替的过程和方向取决于群落中的植物类型、群落植物间的相互作用、植物群落对外界环境作用的反应以及外界环境对植物群落的作用等一系列因素。根据群落基质的性质,可以将演替分为原生演替和次生演替。原生演替是指从没有土壤和高等植物繁殖体的裸岩上开始的群落演替。次生演替是指当群落的原生植被受到破坏时而出现各种各样的次生植被的过程。演替根据发展方向不同可分为进展演替和逆行演替。进展演替是指从结构简单的植被向复杂结构方向发展,逆行演替是指群落受到干扰和破坏时,向结构简单、稳定性差的方向发展。

群落以外的因素,也可以推动群落的演替进展,特别是人为因素。适当的人为干预可以促进植物群落进行进展演替,使植物群落向更完善、更平衡的方向发展,形成稳定性较好的群落。城市绿道的植物多样性营建要遵循群落的自然演替过程,对处于进展演替的群落要加以保护,减少人为干预,避免大面积地改变群落的物种和结构,保持演替向健康的方向发展。对于处于逆行演替中或者演替情况不好的群落,要遵循群落的演替规律,通过适当人工干预的方式,优化群落结构,促进群落进展演替。例如在选择物种时,可以通过合理的物种选择,加快群落演替进程,同时消除外界干扰和破坏,将植被恢复和重建的人工植物群落建立在自然演替的基础上(包维楷,1998)。

3.3.3 景观结构与植物多样性

3.3.3.1 斑块结构特征

斑块是指内部具有一定的均质性，与周围环境在性质和外貌上存在差异的空间单元。斑块对植物多样性的主要影响因素包括斑块的面积、形状、类型，斑块间的组合方式和斑块内部的均质性程度等（傅伯杰等，2011）。

1. 斑块的面积

斑块面积大小对物种的数量有直接的影响。一般在研究斑块大小与植物多样性关系时，常常把斑块想象成岛屿。普雷斯顿（Preston）建立了一个关于岛屿面积和物种数量之间关系的公式：$S=c \cdot A \cdot z$，其中c、z为常数，可见种群数量（S）随着斑块面积（A）的增大而增加。

（1）容纳的种群规模。对于某一物种而言，一个大型斑块通常比小型斑块能容纳该物种更大的种群规模。因此，在大型斑块中，物种在其中当地灭绝的可能性要比小型斑块小（见图3－3a）。皮尔斯（Pearce）在研究加拿大安大略省西南部地区的森林破碎化对生物多样性的影响时，发现大型森林斑块与小型森林斑块相比，其物种数量更多、种群更大，大型森林斑块对病虫害、气候条件和外来种的入侵表现得不如小型斑块敏感。

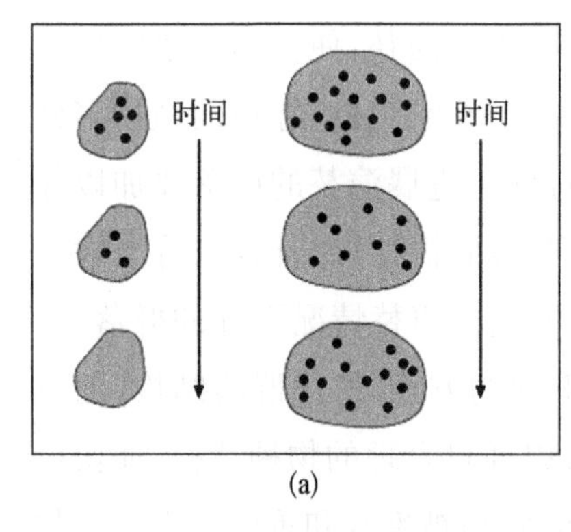

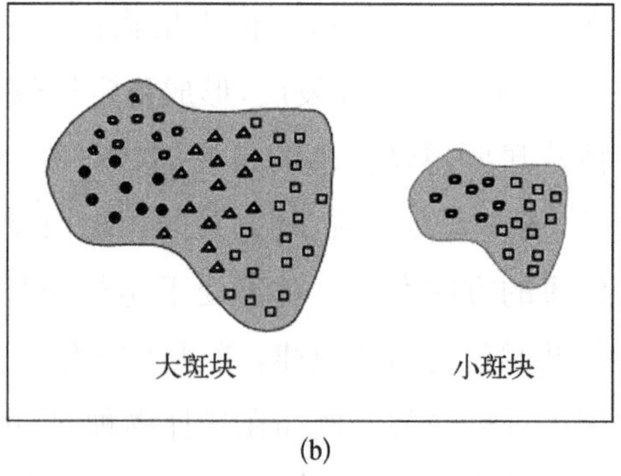

图3－3 斑块大小与种群规模和生境种类的关系
（a）斑块大小与种群规模的关系 （b）斑块大小与生境种类的关系

（2）生境类型的多样性。大型斑块与小型斑块相比，由于其面积相对更大，也就容易包含和容纳更多类型的生境，可以为更多种类的植物提供生长环境。因此，大型斑块比小型斑块能包含更多的物种（见图3-3b）。

（3）小型斑块的优点。小型斑块可以作为物种运动的踏脚石。由于小型斑块内部面积较少，边缘面积相对更大，因此与大型斑块相比，具有更加明显的边缘效应，能容纳一些在大型斑块中不常见的植物物种，或者是一些不适宜在大型斑块中生存的物种。而且，小型斑块在空间连接性较差的环境中可作为物种扩散和运动的踏脚石，在一定程度上起到廊道的作用。因此，小型斑块具有一些大型斑块不具有的优势，可以提供额外的生态效益。

2. 斑块的形状

斑块的形状也是影响植物多样性的主要因素之一。斑块形状通过影响斑块与斑块之间或斑块与基质之间的物质交换和能量流通等过程，从而对斑块内的植物多样性产生影响。

（1）斑块形状的复杂性。形状越复杂，斑块与周边斑块或基质间的相互作用就越多，斑块与周围环境的物质和能量交换的可能性也就越高（见图3-4a）。一个具有高度复杂边界的斑块具有更大的边缘生境，能够增加边缘植物物种的数量，增加植物种类的多样性，但也可能会减少内部种的数量。

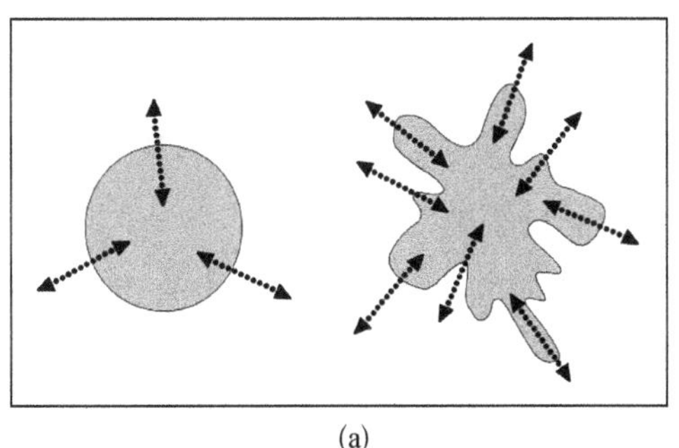
(a)

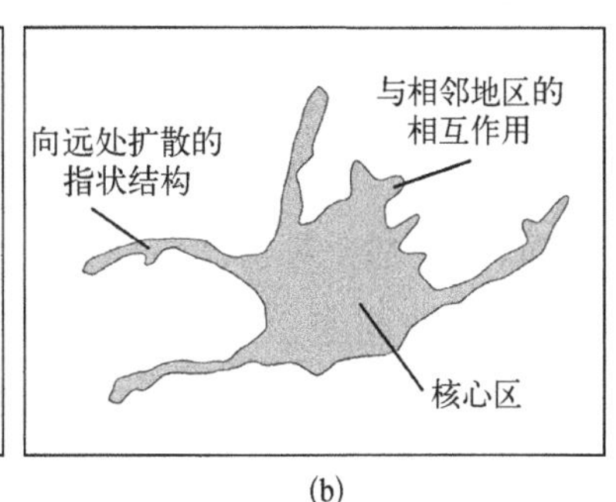

(b)

图3-4　斑块的形状
（a）斑块形状复杂性　（b）生态最优斑块形状

(2) 生态“最优”的斑块形状。生态最优斑块一般呈“太空船”形状,其核心区域是圆形的(这有利于对资源进行保护),部分边缘是曲线型的,还有一些供物种扩散的指状延伸结构(见图 3-4b)。

3. 斑块类型多样性

斑块类型多样性意味着植物生境类型的多样性,并在一定程度上能够直接影响植物多样性。比如一些植物在不同的生长阶段,可能需要几种不同的环境,而斑块类型的多样性恰恰能够满足这些植物的需求,而且斑块类型可以影响物种迁入或者迁出斑块的数量和频率,从而影响物种在斑块中的丰富度。因此,在城市绿道建设中应该保护不同的生境斑块类型,有意识地增加和维持斑块的多样性。

3.3.3.2 廊道结构特征

廊道是连接斑块的重要纽带和桥梁,是具有连通或屏障功能的线性景观要素。有时候也可以将其看作是一种特殊类型的斑块,能够作为某些植物物种的生境,能够发挥与斑块类似的功能。廊道可以增加生境斑块的连接度,消减甚至抵消生境破碎化给植物多样性带来的负面影响,为缺乏空间扩散能力的植物物种提供连续的栖息地,促进斑块间物种、营养物质、能量的交流和基因交换,有利于植物种子在斑块间扩散,提高植物迁入其他生境的可能。有学者以植物为研究对象,证明了廊道对植物多样性有促进作用,研究发现对于植物,特别是那些借助重力扩散的树种来说,在廊道连接斑块的情况下,树种可以借助廊道在斑块间进行有效的扩散(Damschen, et al., 2006)。

廊道的结构特征有廊道的弯曲度、宽度、连通性,以及形状等几个方面,这些都会对植物多样性带来不同的影响。

(1) 弯曲度。廊道弯曲程度具有重要的生态意义。通常来讲,廊道弯曲程度越大,廊道也就越蜿蜒,廊道上两点之间的距离就会延长,物质和能量穿越廊道的时间就会越长,在廊道中的存留时间也会越长。反之,廊道的弯曲程度越小,物质和能量穿越廊道的时间就会越短。城市中的绿道,由于受城市用地的限制,其曲度和蜿蜒性往往不如自然环境中的廊道那么大，例如城市的滨河型绿道常常被改造成接近于直线型。

(2) 宽度。廊道宽度的变化对于沿廊道或穿越廊道的物质、能量和物种流动具有重要影响。宽的廊道具有与斑块相似的功能，可以作为植物的生境。

(3) 连通性。廊道的连通性是指其在空间结构上是否相互连接或者是否具有连续性。廊道在单位长度上是否有间断点以及间断点的数量，是量度廊道连通性的重要指标之一。

(4) 形状。廊道的边缘效应受廊道形状的直接影响。廊道的形状越规则，其边缘区域就相对越小，内部稳定性就越强，廊道与外界进行物种和能量交换的作用就越小，其边缘效应就越小；反之，廊道的形状越复杂曲折，其边缘效应也就越大。

在城市绿道建设中，依据以上这些廊道结构的特征因素，合理规划构建绿道，能有效促进绿道的植物多样性。例如：通过提高绿道的连通性，连接城市中破碎化的生境斑块，消除生境破碎化对植物多样性的负面影响，将促进绿道内的物质流动、基因流动和能量流动；营造适宜的绿道宽度，除了能达到保护植物物种和生境的目的外，还能发挥植物的生态服务功能。

3.3.3.3 网络结构特征

分枝网络和环形网络是常见的网络结构形式，每种形式各包含三种具体的网络形态(见图 3 - 5)。其中，a、b、c 三种形态是分枝网络结构。a 是利用廊道将各个节点依次连接，但缺点是没有形成环路，它是分枝网络的基本形式。b 是从中心节点利用廊道连接周围节点，形成中心发散式的网络结构。c 是利用廊道规划一条中心路径，每个节点都与中心路径相连。d、e、f 三种形态为环形网络结构。d 是在 a 的基础上，将起始节点与终点相连，形成闭合的环形，这是环形网络的基本形式。e 是利用廊道直接将所有节点联系起来，形成连通度较高、网络结构较复杂的形式。f 是利用廊道先建立起一个闭合环路，然后各节点与

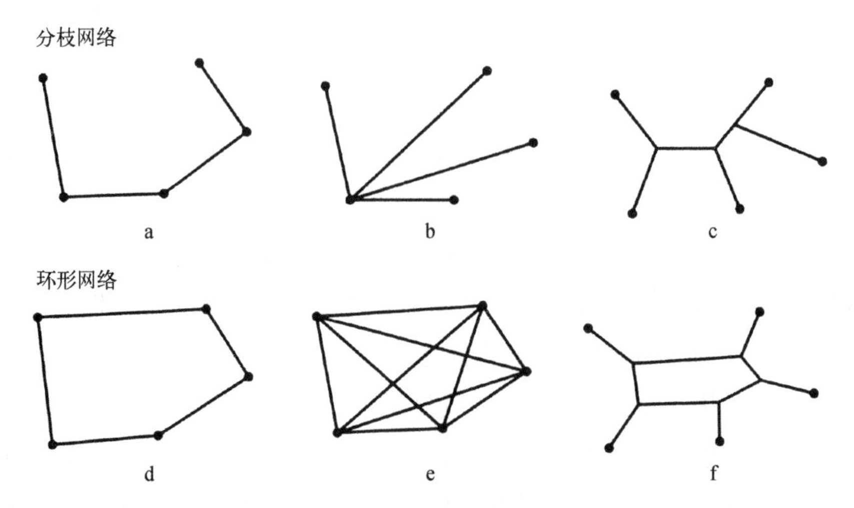

图 3-5　常见网络结构

（图片来源：戴菲、胡剑双,《绿道研究与规划设计》,2013 年版）

此环路相连接,形成网络结构。

影响植物多样性的网络结构因素包括网络的连通性和回路、环度、交汇效应等。其中,网络的连通性是指廊道能否对网络节点和整个网络起到有效连接,它是评价植物物种能否在网络中有效扩散的重要指标。同时,它与网络的回路(即为物种迁徙提供的可选择路径)一起,可以反映整个网络的复杂程度(见图 3-6a)。

环度是连接网络中现有节点的环路存在程度,它表示物质流、能量流和信息流的路线的可选择程度。环度高的网络是指网络中存在一条或者多条可以替代原物种扩散路径的新路径或环路。网络的高环度能增加植物迁移和扩散的选择性,减少网络内因原扩散路径断裂使植物扩散受阻的情况(见图 3-6b)。

交汇效应发生在自然植被廊道的交汇处(见图 3-6c),通常会涉及一些内部物种,且物种的丰富度要比网络中其他地方的丰富度高。将网络的节点处适当放大,将其作为小型的斑块,能够有效地营造植物扩散和繁殖所需要的生境,从而提高了扩散中个体的存活概率。

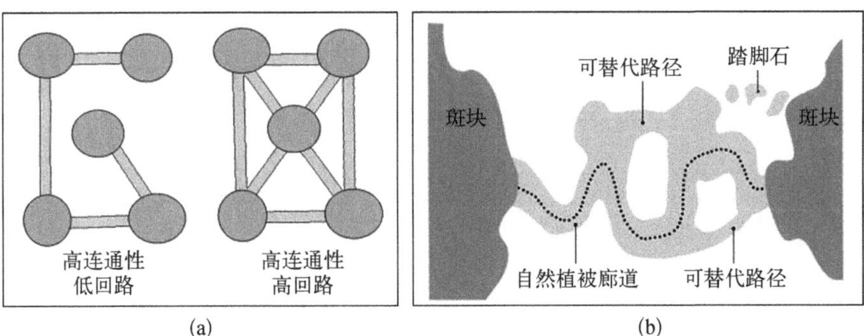

(a)　　(b)

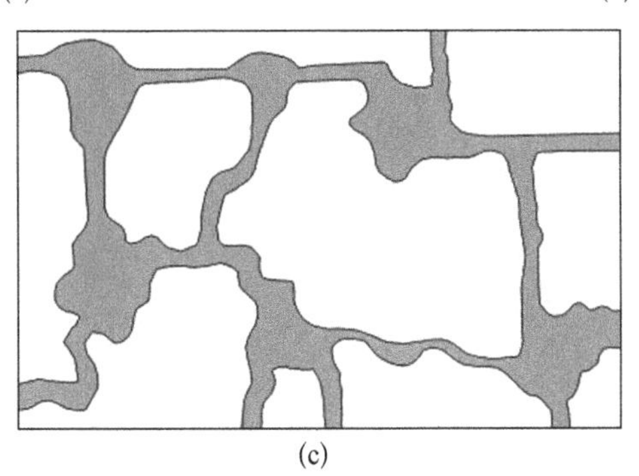
(c)

图 3-6　网络结构因素
(a) 网络的连通性和回路　(b) 网络的环度　(c) 网络的交汇效应

3.4　小结

本章主要分析和总结了有关植物多样性的基本理论。首先,对植物多样性的概念及其涉及的四个层次进行了辨析。然后,对植物多样性保护的主要途径做了说明,明确有就地保护和迁地保护两种途径。最后,从植物物种、植物群落特征和景观结构三个方面分析影响植物多样性的主要因素,为后面城市绿道植物多样性的策略研究提供理论支撑。

第 4 章

中国城市绿道植物多样性的挑战、必要性和可行性

4.1 中国城市绿道建设中植物多样性面临的挑战

4.1.1 绿道概念理解的片面性

部分设计师对“绿道”的概念、功能和建设方式等内容存在着概念上的理解的片面性，将绿道简单理解为“游径”。城市绿道的建设侧重于人的使用需求，绿道功能以游憩、交通等功能为主，忽略了动植物也是城市绿道的使用者。这就导致部分建设项目将绿道等同于城市的绿色自行车道，或者是绿化质量良好的城市慢步道，设计者对城市绿道的功能和内涵理解得不够完整和准确。

绿道的植物多样性能够维持绿道内的生物多样性，为生物提供栖息地和传播、迁徙的通道，并为人类提供调节气候、净化空气等生态系统层面的服务功能。对城市而言，绿道作为城市的生态廊道，通过保持植物多样性为城市构建起绿色生态基底，改善了城市的生态环境，将自然环境中的动植物重新引入城市。而“游径”的概念忽略了绿道应有的生态意义和功能，致使绿道的植物多样性营建往往被忽略。以青岛市绿道系统的建设为例，在登州路、黄台路等路段的建设改造中，设计者将绿道理解为“游径”，仅将之前道路的铺设材质进行更换，在地面增加标识系统（见图 4－1），就将其作为城市绿道，忽视了城市绿道的生态功能。

4.1.2 城市的“生态沙漠”

在城市绿道的建设中，人类对自然环境的过多干扰使不少天然绿道变成了人工绿道：铲除绿道中自然演替的原生植物；摒弃乡土性植物，盲目引进大量的“流行种”和“新品种”，违背自然条件规律，导致绿道丧失地域性特色；以“美”作为选择植物的主要标准，不以植物群落的合理性、植物生态系统服务功能和生态系统的内在联系作为植物选择的标准，造成一种表面上“繁花似锦”，植物多样性丰富的假象。但实际上，外来物种的大量入侵占用了原本属于乡土植物的生长空间和资源，

图 4－1　青岛黄台路绿道改造前后对比
（图片来源：青岛市绿道系统总体规划）

改变了植物群落的物种比例和结构，造成乡土植物的严重退化甚至消失，植物群落稳定性下降等后果，甚至可能造成对植物生境的破坏。这些都不利于城市绿道植物多样性的实现。

动物多样性的基础是植物多样性，植物为动物提供适宜的栖息地、食物和遮蔽物。植物多样性的丧失导致动物多样性的减少，原本栖息于此的动物在绿道建成后反而消失了。除了城市绿地环境中普遍存在的蝴蝶、蜜蜂、喜鹊、麻雀等之外，绿道中鲜有其他动物的踪迹。绿道不仅没有起到连接自然和城市，作为动物运动和迁徙通道的作用，反而成了动物的“真空道”。城市中最珍贵的绿地是能够按自然演替的进程自我繁衍的绿地。许多城市不缺少绿色，但它们都是由人按照功能和审美的准则来挑选和栽植植物而形成的，很少有绿道是按自然本身的过程来设计和管理的。这也就是在今天的城市中连蝴蝶都难觅踪迹的原因①。正是由于绿道的各个要素之间无法建立有效的联系，绿道反而变成了城市中的“生态沙漠”。

4.1.3　植物多样性保护与人类使用需求的冲突

理想的植物生长环境肯定是完全不受人为因素影响的。植物在自

① 资料来源：王向荣个人微博，http://weibo.com/。

然环境中生长和自我演替，这种状态下形成的植物群落才是最自然、最生态的。但是，在城市环境中，这种理想状态几乎不可能实现。由于快速的城市化进程，城市的气候、土壤、水体等因素都发生了巨大的变化，植物生境受到了很大的影响，绿道内的植物生境也不例外。同时，绿道由于具有游憩、交通等功能，必然会受到人类活动、道路建设、外来植物入侵等因素的影响。这些往往会导致植物生境破碎化、本地植物种类减少、植物群落稳定性被破坏等一系列的问题。因此，需要探讨绿道多功能共存的可能性，在满足人类使用需求的同时，最大限度地实现绿道植物多样性的保护。

4.1.4 传统审美与生态之美的矛盾

尽管从外表来看，大多数的景观看起来都是绿色的，但表面上的绿色并不一定就是生态的，这种景观可能要耗费巨大的人力、物力和财力来营建和保持其效果，并不是真正生态意义上的绿色（王向荣 等，2003）。同样，那些符合人们对自然的印象，搭配得高低错落、精致如画的植物群落，往往被认为是生态的，但实际上这些看起来植物类型丰富的人工群落反而可能是不生态的。一个场地从不毛之地发展到一片翠绿，其植物群落会遵循自身的演替规律。每种气候带、每个地区都有特定的自然植被类型，而且某些植物种类是相伴而生的，它们搭配在一起能发挥最大的生态效益和保持稳定性。按照传统审美方式来选择和决定哪些植物应该种植在一起，往往会违背自然规律，带来的结果要么是植物因生长不良而逐渐衰败，要么就是不得不通过后期人工维护来维持这种景观效果（林箐，2011）。例如北京三山五园绿道、天津城市绿道公园中的部分植物群落仍然采用园林式的种植方式，看起来是符合人们审美的，但未必是符合生态规律的，后期可能会需要大量的人工维护（见图 4-2）。

在如何实现绿道的植物多样性上，应该重新思考和定义“美”，理解美的内涵和价值。传统审美影响下的植物配置看起来永恒、精致，但往往是忽视自然盛衰枯荣，不生态、不经济的。生态思想影响下的植物群

(a)

(b)

图 4-2 传统审美下的景观营建
(a) 北京三山五园绿道 (b) 天津城市绿道公园
(图片来源：www.baidu.com)

落应该是能随季节变化而生长更替，更健康、更有生命力的，也是遵循自然演替规律，更生态、更经济的。笔者在实地考察波士顿“翡翠项链”绿道的时候正值冬天，整体看起来并不是繁花似锦、绿草如茵的。芦苇会枯黄，树木的叶子已经掉光，只剩光秃秃的树干，整个景象甚至看起来有些衰败。也许这不符合我们传统审美中的“美”，但它真实反映了季节更替，植物盛衰枯荣的过程，这才是符合自然规律的生态之美。

4.1.5 急功近利思想与植物群落演替周期长的矛盾

急功近利的思想对城市绿道的植物多样性实现产生了不利的影响。政策引导下的绿道建设速度往往过快。例如：广东省从 2009 年 8 月到 2014 年 12 月底用五年多的时间，共建成绿道 10 976 千米；2013 年，北京市计划在未来三到五年内建设 1 000 千米市级绿道；2015 年，上海市计划在未来五年内建成 1 000 千米适宜健身休闲的城市绿道。急功近利的思想导致设计不成熟，建设周期偏短，规划考虑不周全，施工质量无法得到保证。绿道建成后为了追求立竿见影的效果，“拔苗助长”的现象屡见不鲜。为了“一次成型”的景观效果而进行的不合理的植物配置，使得植物不能按照自然规律生长演替，长期来看会导致生态环境退化，植物群落结构不合理。建成后的管理维护是保证植物多样性实现的关键，而这个阶段往往得不到重视。植物多样性的实现需要经历一个长期的演替过程，若得不到妥善维护，最终将无法取得最佳的效果。如何转变思路，协调两者之间的矛盾是影响城市绿道植物多样性实现的关键。

4.1.6 相关法律政策的不完善

目前，我国缺乏城市绿道中植物多样性保护方面的法律和政策。2016 年 9 月，住房城乡建设部印发了《绿道规划设计导则》，它是绿道建设的重要指导性文件。在此之前，只有部分省市编制了地方性的绿道建设标准，如广东省在 2010 年编制《珠江三角洲绿道网总体规划纲要》，2011 年编制《广东省绿道控制区划定与管制工作指引》，2012 年编制《珠三角区域绿道（省立）规划设计技术指引》，2012 年编制《广东省绿道网建设总体规划（2011—2015 年）》，福建省在 2014 年 10 月编制《福建省绿道规划建设标准》。但是，我国目前还没有专门的绿道植物多样性方面的法律和法规，这导致城市中此类植物多样性建设缺乏法律法规的规范和约束。现阶段只能以现有的绿道建设文件中的相关规定为依据，但是这类文件中涉及植物多样性的内容较少，对植物多样性应该如何实现、通过哪些具体的措施和方法实现、后期应如何进行管理和维护等方面的内容描述过于笼统，没有详细的说明和指导性的建议，这也是植物多样性在绿道建设中常常被忽视的原因之一。

例如，在《福建省绿道规划建设标准》中，涉及植物方面的内容较少，核心内容只有“都市型绿道应以乔木和灌木为主体，强调植物的遮阴功能；生态型和郊野型绿道中应尽可能地保留原有植物，不宜进行大规模改造”。总体来说，无法对城市绿道的植物多样性建设提供政策保障。《绿道规划设计导则》中对植物设计方面提出的四条建议，内容包括种植应遵循的原则，对现有植物的保留，防止外来物种的入侵，维持群落稳定和兼顾植物的多功能性。应该说，该导则相对于其他绿道文件，对植物设计的描述有所增加，但是仍然无法对实际建设形成有效的指导。

值得注意的是，中国早在 1992 年就签署了《生物多样性公约》，之后先后颁布了《野生植物保护条例》《关于加强城市生物多样性保护工作的通知》《全国生物物种资源保护与利用规划纲要》《全国生态功能区划》《全国生态脆弱区保护规划纲要》《中国生物多样性保护战略与行动计划(2011—2030年)》等一系列的保护生物多样性、植物多样性的法规和政策文件。但这些国家层面制定的宏观法规和政策往往不能落实在实际的城市绿道建设中,不能对绿道植物多样性营建起到法律约束或者政策指导的作用。

4.1.7 缺乏多学科合作和公众参与

我国绿道建设中的植物多样性营造基本由风景园林师完成,但是由于缺乏多学科的合作往往存在诸多问题。首先,有的风景园林师缺乏生态学和植物学方面的知识背景,与专业人士之间又缺乏沟通协作,作业时多少会影响植物多样性的实现。其次,植物多样性营建不只是设计层面的问题,从政策制定、规划落地到具体实施都会影响植物多样性的实现。最后,各学科、各专业之间如果没有进行及时有效地沟通,也会影响最终目标的实现。例如:如果风景园林师和规划师缺乏沟通,没有规划出合理的城市区域划分,整个生物多样性网络的构建将受影响;如果风景园林师和水利工程师缺乏沟通,在规划开始前,水利工程师为了满足防洪需求,提前将河道渠化,那么绿道的植物多样性的实现难度将大大增加。

同时,不少绿道的植物多样性营建从项目开始到建设完成,都只有专业人员参与,缺乏公众和社会组织的参与。由于缺乏公众的参与,设计策略很可能无法契合公众的需求,致使植物多样性的营建存在不合理性,而且公众不参与到项目中,有可能会导致项目难以推进而无法顺利实施。

4.2 城市绿道植物多样性的必要性

植物是城市绿道的基础,是不可或缺的园林要素,其构成了绿道的绿色基底，与周围环境进行物质和能量交换，通过同化作用吸收周围环境的物质和能量，又通过异化作用，将物质和能量释放到环境中去。这种“双向”的动态过程，对改善和维护生态系统平衡具有重要价值。

城市绿道植物多样性的必要性体现在多个方面。在生态方面，其有助于促进城市绿道的生物多样性，而城市绿道作为城市的生态基底，其生物多样性的实现有助于促进城市生物多样性；具备植物多样性的城市绿道也具有维持碳氧平衡、净化环境、改善小气候等生态系统服务功能。同时，城市绿道植物多样性还具有景观美学意义、科普教育意义、经济意义等(见图4-3)。

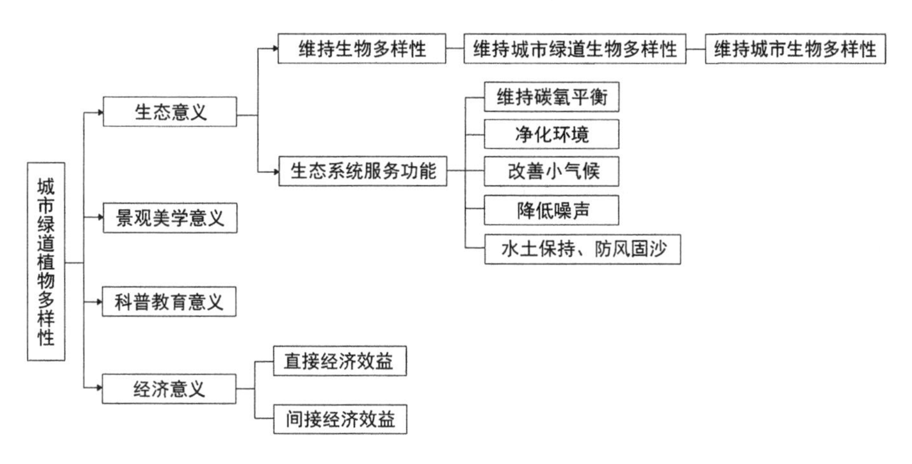

图4-3　城市绿道植物多样性的必要性

4.2.1　生态意义

城市绿道植物多样性的生态意义主要体现在两大方面，一是植物多样性可以维持生物多样性，二是植物多样性可以提供生态系统服务功能。

4.2.1.1　维持生物多样性

其一，绿道的线性结构将城市中破碎化、孤立的生境斑块相连接，促进了绿道内生境间的生物流、物质流、能量流，同时促进植物种子和花粉的扩散传播，有利于绿道植物多样性的实现。绿道植物多样性能够为动物提供食物、栖息地和迁徙廊道，有利于城市动物多样性的实现。首先，植物多样性意味着动物可食用植物种类的多样性，通过种植不同种类的食源植物，可以完善动物生态系统食物链，将动物重新吸引到绿道和城市环境中。例如板栗、松树、核桃等其他坚果类树木可以招引啮齿类动物，浆果类、仁果类植物可以吸引鸟类，蜜源植物可以吸引蜜蜂、蝴蝶等动物，香蒲、金鱼藻等植物可以供水生动物食用。其次，植物多样性在通常情况下意味着多样的生境类型，能满足不同类型动物的栖息需求，例如鸟类可以在树上营巢，城市小型兽类可在灌木丛中建巢穴，或在草丛中开挖洞穴，两栖类和爬行类动物使用覆盖物来遮蔽太阳和保护自己免受天敌的伤害，等。最后，山林型绿道也是动物重要的迁徙廊道。植物多样性的实现能够为动物提供不同形式的迁徙通道，例如小型兽类常常会利用密集、低矮的灌木丛进行迁徙，而麋鹿、羚羊等动物则会选择具有一定遮蔽性，但视野良好的环境进行迁徙。

其二，绿道植物多样性有利于城市的生物多样性。绿道是城市重要的生态廊道，构成城市的生态基底，绿道的植物多样性有利于整个城市的植物多样性的实现，从而促进城市的生物多样性。而且，随着城市规模的不断扩大，城市绿道的植物多样性将对整个区域生态环境和生物多样性发挥越来越大的作用。

4.2.1.2 生态系统服务功能

1973 年，生态服务功能的概念由霍尔德伦（Holdren）和埃尔利希（Ehrlich）提出，是指生态系统和生态过程所形成的有利于人类生存与发展的功能和效果。城市是一个高度人工化的生态系统，其结构和功能都与自然生态系统存在明显的差异。因为城市生态系统的生态基础条件差，而且容易受人为因素干扰和环境污染的影响，所以城市生态系统的保护更具有重要性和紧迫性。具备植物多样性的绿道具有维持碳氧平衡、净化环境、改善小气候、降低噪声、水土保持和防风固土等方面的生态系统服务功能。

1. 维持碳氧平衡

城市绿道中的绿色植物具备吸收二氧化碳，释放氧气的功能，能够维持城市的碳氧平衡，促进生态良性循环。生长良好的草地，每 1 m^2 面积可吸收的二氧化碳量约 1.5 g/h。若每人每小时呼出的二氧化碳量为 38 g，则每 25 m^2 的草地就可以吸收掉一个人一天呼出的全部二氧化碳。并且树木吸收二氧化碳的能力比草坪强很多。日本学者的一项研究表明，1 万 m^2 的阔叶林，1 天可消耗 1 t 二氧化碳，释放 0.23 t 氧气，而一个体重 75 kg 的成年人，每天呼出的二氧化碳量约为 0.9 kg，消耗的氧气量是 0.75 kg，所以近 10 m^2 的林地一天就可以吸收一个成年人一天呼出的二氧化碳（杨赉丽，2015）。

不同植物吸收二氧化碳的能力差异明显。根据北京园林工作者对几十种植物进行的测定结果，笔者在此将这些植物按其吸收二氧化碳量的高低分为三类（见表 4-1）。

表 4-1 不同植物吸收二氧化碳量的数据表

植物单位叶面积年吸收二氧化碳量	植物种类
高于 2 000 g	落叶乔木：柿树、刺槐、栾树、泡桐、山桃、西府海棠、合欢、紫叶李。落叶灌木：碧桃、紫荆、紫薇、丰花月季。藤本植物：山荞麦、凌霄。草本植物：白三叶
1 000～2 000 g	落叶乔木：臭椿、槐树、火炬树、垂柳、桑树、构树、黄栌、白蜡树、毛白杨、元宝枫、山楂、核桃。常绿乔木：白皮松。落叶灌木：木槿、小叶女贞、羽叶丁香、金叶女贞、黄刺玫、连翘、金银木、迎春、卫矛、榆叶梅、太平花、珍珠梅、猬实、海州常山、丁香、天目琼花。常绿灌木：大叶黄杨、小叶黄杨。藤本植物：蔷薇、金银花、紫薇、五叶地锦。草本植物：马蔺、萱草、鸢尾、崂峪苔草
低于 1 000 g	落叶乔木：悬铃木、玉兰、杂交马褂木、银杏、樱花。落叶灌木：锦带花、玫瑰、蜡梅、鸡麻

2. 净化环境

绿道中植物对环境的净化作用，主要体现在净化空气、净化水质和净化土壤三个方面。

1）净化空气

城市空气中的有害物质有二氧化硫、氟化氢、臭氧、粉尘、氯气等，而植物能够阻挡、吸附和过滤这些有害的气体、粉尘和烟尘等物质。特别是表面粗糙或带有分泌物的枝条和叶片，很容易就能吸附空气中的有害物质。乔木、灌木类植株枝叶繁茂，叶片总面积大且粗糙，滞尘能力很强。草地也能固定和吸附一些有害物质，是天然的除尘器。同时，空气中还含有多种对人体有害的细菌等微生物，而植物可以减少细菌载体，从而使空气中细菌数量减少。因此，在城市绿道建设中可以有针对性地选择一些具有空气净化效果的植物类型，以起到改善城市空气质量的作用。

2）净化水质

植物在滨河型绿道的水质净化方面具有十分重要的作用。水生植物如水葱、田蓟、水生薄荷能够杀死水中的细菌，减少细菌的含量。许多沼生植物和水生植物有明显的净化污水效果，如芦苇能吸收 20 多种化合物，1 m^2 的芦苇每年可以净化多达 9 kg 的污染物质。与不种芦苇的水池相比，种有芦苇的水池，其水中的氯化物含量可减少 90%，悬浮物含量可减少 30%，有机氮含量减少 60%，磷酸盐含量减少 20%，氨含量减少 60%，总硬度减少 33%（杨赉丽，2015）。另外，水生植物可以分泌大量抑制水中藻类生长的物质，如萜类化合物、类固醇等，并与藻类形成竞争关系，从而有效地遏制藻类的爆发和水体富营养化进程。

3）净化土壤

一些城市绿道的部分场地曾经是交通和工业用地，后来逐渐失去原有功用，改建为绿道，如高线公园、天津城市绿道公园的原场地都是铁路废弃地，存在一定程度的土壤污染问题。通过选择合适的植物可以对土壤中的有机物和重金属等污染物进行固定和吸收，达到净化的效果。例如，“吸收”是植物修复土壤的有效手段之一。具有超同化能力的植物，其根系可吸收土壤中的有害重金属物质。植物会将这些物质储存在茎、叶之中，然后经由人类的采伐、收割等方式去除富集重金属离子的植物茎叶，从而达到清除土壤中重金属物质的效果。此外，植物根系还可以固定土壤中的有害重金属等污染物，降低污染物的流动性，减少有害物质进入食物链的可能。目前已经发现 4 000 种以上具有超富集能力的植物，如柞木属、叶下珠属的多种植物。

3. 改善小气候

植物具有良好的遮阴作用，对地表温度、湿度影响十分显著。在夏季，乔木树冠可以阻挡因太阳直射产生的大量热能，叶片的蒸腾作用又可以提高周围空气的相对湿度，产生冷却作用，使空气湿润凉爽，从而改变小气候。绿道的植物种植能够在城市范围内形成网络状、连续性的遮阴通道，从而缓解城市的热岛效应。

同时，绿道可以作为城市的通风廊道，当绿道的方向与城市的夏季主导风向一致时，城市郊区的气流可以通过绿道进入城市中，从而大大改善城市的空气质量，将城市中的污染气体尽快排出城外，起到城市空气更新的作用。当绿道与冬季风的方向垂直时，又可以大大降低风沙和寒风对城市的危害。例如，日本福冈市将绿道网络作为城市绿地规划的核心内容来建设，在城市层面，保护城市大面积水域和森林以形成风道，提高市区河流的绿化量，将北部博多湾新鲜的海风导入城市，利用福冈市南部的森林带及向市区延伸的丘陵、市区中点状的树林地、农用地、大规模的城市公园等，向市区内导入“山风”(见图 4 - 4)，同时，规划加强防护绿地和道路绿化的建设，达到输入新鲜空气和净化空气的目的(戴菲 等，2013)。

4. 降低噪声

植物，特别是林带具有良好的降低噪声的功能。植物的树冠和茎叶对声波有散射、吸收的作用，树木的茎叶表面粗糙不平，有许多气孔和绒毛，就像凹凸不平的多孔纤维吸音板，能吸收噪声并减弱噪声的声波传递，因此具有隔音、消音的作用。据日本学者调查，40 m 宽的绿化带可降噪 10～15 dB。美国内布拉斯加大学同有关林业部门合作的研究表明，采用乔木、灌木、草坪结合的林带可减少噪声 8～12 dB，其效果比单独采用高大稠密的宽林带(一般可减少 5～10 dB)要好。

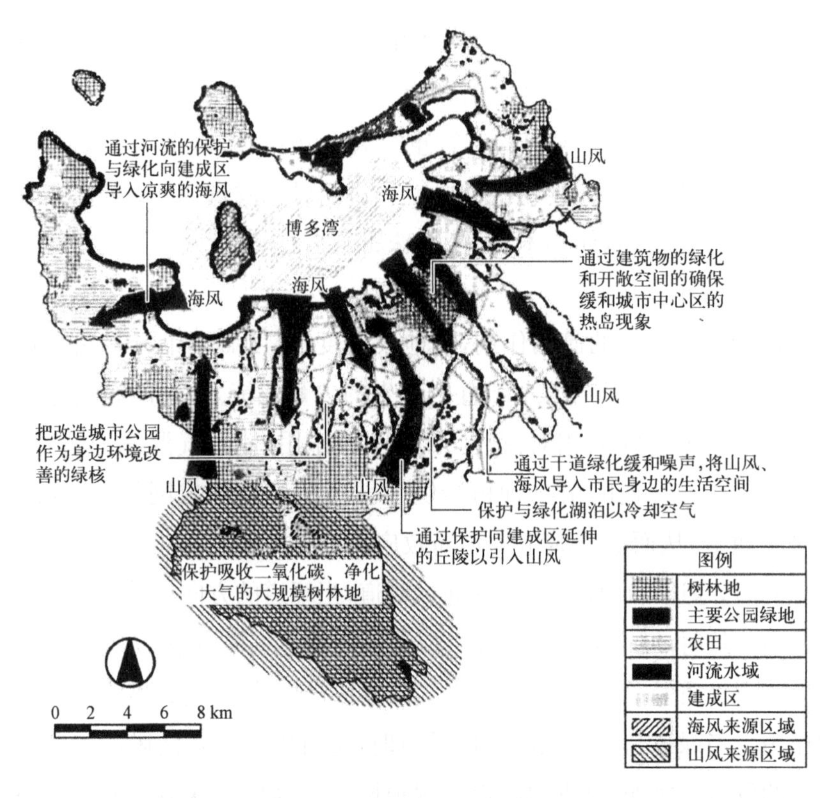

图 4－4　福冈市风道示意图

（图片来源：戴菲、胡剑双，《绿道研究与规划设计》，2013 版）

5. 水土保持、防风固沙

城市绿道的植物对保持水土有非常显著的功能。当雨水降落时，植物及其凋落物可以吸收雨滴的能量，减少地表土壤的飞溅侵蚀。植物密集的网状根系能在一定程度上起到固定表层土的作用，如禾草、豆科植物等的植株在地下 75～150 cm 深处的根系具有明显的固土效果，其根系的锚固作用甚至可以影响到地下更深的岩土层（潘树林 等，2005）。植物及其凋落物可增加土壤的孔隙率和渗透性，增加入渗地下的水量，从而涵养水源。另外，植物的根系、匍匐在地上的草本及其他植物的茎叶具有固定沙土、防止沙尘飞扬的作用。研究表明，植物群落结构越复杂、面积越大，其保持水土、防风固沙的能力也越强。因此，在条件允许的情况下，城市绿道的植物群落应尽量采取复杂的结构形式，从而保持水土、防风固沙。

4.2.2 景观美学意义

城市绿道的植物多样性具有很高的景观美学价值。植物种类繁多、姿态多样、色彩丰富，植物本身作为观赏对象时，其树形、枝干、叶、花、果等皆具有很高的观赏价值。观叶植物有马褂木、紫叶李、旅人蕉、红背桂等，观花植物有紫薇、广玉兰、樱花、月季等，观果植物有石榴、紫金牛、南蛇藤、枸骨、十大功劳，等。另外，植物本身作为自然界的生命个体，随着季节变化可产生不同的季相特征，这种盛衰枯荣的生命规律为创造动态的景观效果提供了条件。同时植物本身是一个三维实体，是营造空间结构的重要元素。

植物分布呈现明显的地域性，不同地域环境形成不同的植物景观，如热带阔叶常绿林相植物景观，暖温带针阔混交林相植物景观，温带针叶林相植物景观等都具有不同的特色。城市绿道以“线”的形式贯穿于整个城市中，影响范围广、辐射面积大，是表达城市地域性景观风格的重要途径和媒介。选择绿道植物应以适应当地气候、土壤、水分条件，具有地域性特色的乡土植物为主，从而为城市整体景观风貌的形成奠定基础。

4.2.3 科普教育意义

城市绿道犹如一个庞大的植物园，绿道的植物多样性为市民提供了一个多维度、充分了解和体验自然的场所。可以将濒危或稀有的野生植物引入绿道中，如具有“活化石”之称的银杏、水松、水杉、珙桐等，第三纪的孑遗种类如鹅掌楸、金钱松、柳杉等，通过向人们展示丰富多彩的植物科学知识，激发人们探索植物奥秘的兴趣，提高人们热爱自然、保护自然、爱护植物的意识。香港麦理浩径在设计时就注重市民的科普教育作用，设立了游客中心、自然教育中心、自然教育径、树木研习径，推出一系列有关绿道及香港自然生态的书籍，旨在提高市民的植物保护意识，鼓励市民直接参与定期举行的游客小组会议，让市民变成保护绿道植物多样性的支持者。

4.2.4 经济意义

4.2.4.1 直接经济效益

绿道中的部分植物除了有观赏价值外，还具有药用、食用、香料等多方面的经济价值。进行植物种植时，应根据实际情况，尽可能选择观赏特性与经济效益兼具的合适植物，营造多功能的植物景观。例如唇形科的益母草作为一二年生的药用花卉，可以用于花坛、花带的布置；唇形科的夏枯草作为药用宿根花卉，可以用于布置花境、花丛、花群；蔷薇科的山楂作为园路树种，可观赏、食用，两者兼筹并顾；睡莲科荷花的果实莲子可以食用，同时荷花具有极高的观赏价值。此外，植物多样性的实现可以维持绿道内生态系统的平衡，植物间通过合理的竞争和生态演替过程，将形成稳定的植物群落关系。植物良好的生长状态可以减少不必要的人工维护和修剪，减少农药、肥料的使用和其他资源的不合理消耗，既节约了能源，又节省了人工成本。

4.2.4.2 间接经济效益

植物的生态服务功能可以产生间接的经济效益。植物可以净化城市空气，减少城市热岛效应，保持水土，改善环境，等。同时植物多样性意味着植物群落结构越稳定、弹性越好，可以有效地缓冲和抵御自然灾害的冲击和破坏，节省灾害重建和环境治理投入的资金，降低修建昂贵的暴雨滞留设施的费用。美国森林管理局指出，城市中一棵树龄在50年左右的树木，每年可以在野生动物保护、净化空气、水土保持等各个方面分别节省50～75美元。

4.3 城市绿道植物多样性的可行性

4.3.1 将自然引入城市

一方面，城市绿道作为连接城市与自然的廊道，其植物多样性能够促进城市人工生态系统与自然生态系统之间的物质和能量交流，因此以植物作为廊道的绿色基底，将自然环境中的物种重新引入城市环境中；另一方面，将绿道作为城市的线性空间要素，在城市中构建绿道网络结构，绿道的分布范围广，覆盖面积大，是提高城市绿量，实现“城市森林”，将自然引入城市的有效途径(见图 4－5)。

图 4－5　将自然引入高密度城市
(图片来源：托尼黄，2014)

将自然引入城市是城市生活的需要和必要补充，美国和欧洲的许多国家已经进行了这方面的实践探索：美国举行过多次城市自然化方面的会议，研究实施方案；芬兰在城市的公路边、公园，甚至墓地建设适宜野生动植物生长和栖息的生境；瑞士几乎所有的公园建有一个由植物方面专家指导的野生生物区(陈波，2005)。通过城市绿道将自然引入城市，重建“城市森林”，可以在城市中恢复原有的自然景观，改善人们的居住环境，同时有助于城市生物多样性营建，为城市中的野生动物提供栖息地。

4.3.2　绿道的线性结构

与城市中的点状绿地相比，绿道的线性结构决定了其在空间上具有更好的生长性和可塑性。绿道的生长性体现在其可以向各个方向生长和延伸，对周围的辐射范围更大，能够连接和沟通城市中更多的绿地，与周围环境进行有机结合，并在城市中形成网络结构。这是块状或者点状绿地所不具备的。

绿道的可塑性体现在其宽度变化相对灵活，不需要大块完整的空地进行建设。绿道在空间较小的地段可以变窄为几米或者十几米宽，能适应“见缝插针”的建设形式，在余地较大的地段则可以拓展到几十米甚至上百米，能够很好地适应现代高密度的城市空间特征，具有很强的可操作性。绿道的线性特征保证了其能够在城市中具有很高的连通性和更大的辐射范围(见图 4-6)，促进绿道和城市其他类型绿地之间的植物物种扩散，有利于绿道植物多样性的实现。

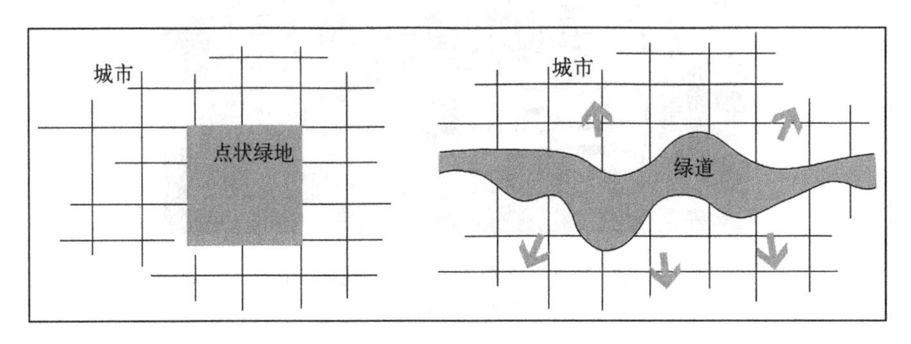

图 4-6　点状绿地和绿道的结构对比图

4.3.3　绿道连接城市中重要的生物栖息地

城市的快速扩张导致自然生态系统被破坏，城市中重要的生物生境严重破碎化、孤岛化。对于植物而言，孤岛化的生境不利于花粉和种子的传播，使得许多物种面临遗传衰退甚至灭绝的风险。

而城市绿道连接的恰恰是城市中具有重要生态保护价值、高度生物多样性、高度敏感性的生态核心区，如森林、湖泊、湿地、风景区、城市公园等，这些区域对于植物多样性保护具有很高的价值，是城市中重要的生态战略点。因此，通过绿道将这些破碎化的区域互相连接(见图 4-7)，能够促进区域之间的物质交换、能量流动和信息交流，进而实现城市植物的多样性。

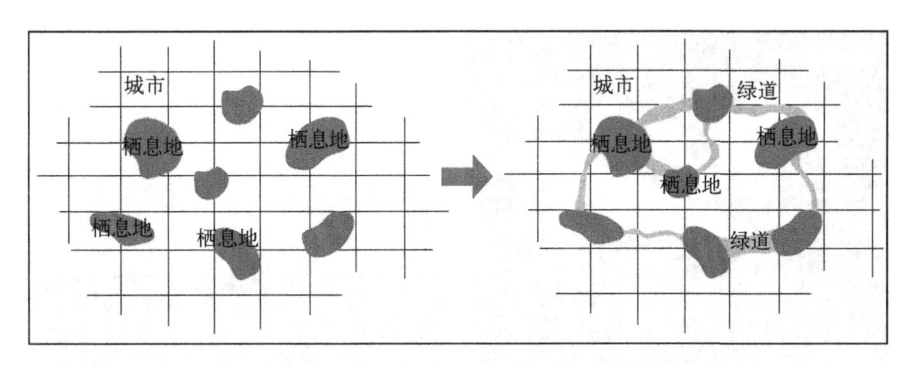

图 4-7　绿道连接起城市中重要的生物栖息地

4.3.4　植物多样性作为解决城市问题的策略

植物在城市绿地中具有基础性作用，是城市绿地中的核心要素之一，无论从提高物种丰富度还是实现生态功能上都远优于其他景观要素，构成了城市的生态基底。近年来，随着城市化进程的加快，城市生态环境发生进一步恶化，而植物多样性在解决城市问题中的作用越来越明显。植物具有维持碳氧平衡、净化空气、杀菌减噪、涵养水源、维持生物多样性、抵御自然灾害等功能。例如，休斯敦河湾绿道建设利用植物实现了空气净化、水质净化、抵御洪水等生态服务。弥尔河河道项目中，原生树木、灌木、草本植物等构建起的植物群落，为野生动物提供了食物、栖息地和筑巢的场所，维持了当地的生物多样性。日本福冈市利用森林、城市中的疏林地、公园等形成通风廊道，向城市内导入“山风”，净化了城市空气。美国纽约“Big U”项目，选用耐盐碱的乔木、灌木和多年生草本植物，将其与护堤相结合，构建能够抵御和缓冲洪水的软性屏障（见图 4-8），增强了绿道的弹性和抵御自然灾害的能力。

随着城市问题的复杂化，单纯依靠传统的工程技术手段很难解决一些复杂问题，植物多样性的价值和作用就逐渐凸显出来，并逐渐成为解决城市问题的一种策略。绿道作为城市的生态网络，其植物多样性等同于保障了城市的绿色生态基底。绿道已成为一种非传统性的城市植物功能框架，有助于解决城市的各种生态问题。

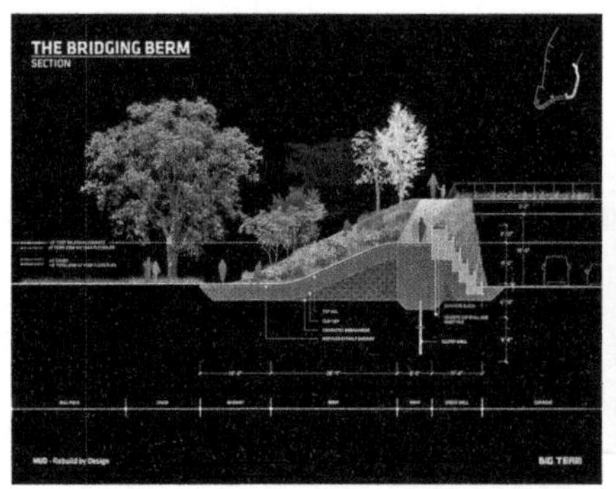

图 4.8 “Big U”项目的植物生态护岸
（图片来源：BIG 事务所）

4.4 小结

本章首先针对中国城市绿道建设中暴露出来的问题，从绿道概念理解的片面性、城市的“生态沙漠”、植物多样性保护与人类使用需求的冲突、传统审美与生态之美的矛盾、急功近利思想与植物群落演替周期长的矛盾、相关法律政策的不完善、缺乏多学科合作和公众参与七个方面，分析了中国城市绿道植物多样性面临的挑战，说明了问题的严重性和紧迫性；然后从生态意义、景观美学意义、科普教育意义、经济意义四个方面说明了城市绿道植物多样性营建的必要性；最后结合绿道与自然的关系、绿道的特征、绿道的连接作用和植物多样性的功能，分析了城市绿道植物多样性营建的可行性。

第 5 章

基于不同类型的绿道植物多样性策略

5.1 山林型绿道植物多样性研究

5.1.1 山林型绿道概况

5.1.1.1 山林型绿道的定义

城市山林型绿道：处于沿城市的地形起伏的山体地区，山林景观效果良好的绿道类型。山林型绿道通常经过城市自然林地、森林公园、风景名胜区、动植物园等。城市山林型绿道作为联系自然与城市内部绿地的媒介，是一种重要的绿道类型，有助于促进自然界植物与城市内部植物的物质交换、基因交流和能量流动，对城市绿道的植物多样性具有重要意义。

5.1.1.2 山林型绿道的特点

1. 因山而设、顺应山势

山林型绿道是以山体作为载体而形成的绿道形式，不同类型的山体形成的山林型绿道特征也不尽相同。每一种类型的山都有着其特定的地貌环境，也带来山林型绿道的复杂多变，例如有崎岖的山脊绿道、平缓的丘陵绿道、陡峭的崖线绿道，或是在两山之间形成的沟壑绿道。山林型绿道一般依山而建、因地制宜，山体的特征决定了绿道的分布形态和形成环境。因山体具有一定的坡度和高度，通常情况下，山林型绿道的选线和建设都会顺应山势，这样既能最大限度地保护山林的自然生态环境，又能建设出合理高效的游径，而且便于施工建设。

2. 动植物资源丰富

城市自然山体由于大多数处于保护状态下，受人类活动的影响较少，部分山林中还保留着一些未受人类干预的自然植被群落以及城市中已经消失的物种，因此具有良好的生态环境。山林型绿道主要依托城市山体而建，与其他类型的城市绿道相比，其植物资源相对比较丰富。同时，山林型绿道作为城市动物的重要栖息地和迁徙廊道，其动物种类和数量更加丰富，除了城市中常见的鸟类、蝴蝶、野兔、松鼠外，一些中型哺乳类动物（如鹿等）也可能会在山林型绿道中出现。

3. 生态敏感度高

山林型绿道是城市中典型的生态敏感区，人类不适当的开发和休闲游憩都可能会对绿道的生态环境造成不良的影响，甚至产生负面的生态效应。山林型绿道的生态敏感性与不稳定性主要体现在以下两方面：其一，生态敏感性，山林中植被以自然植被为主，较少受到外界因素的干扰，不像城市中大部分植被具有较强的抗干扰和抗污染能力；其二，不稳定性，主要表现在坡地上的土壤、岩石以及其他一些物质本身就不稳固，山林型绿道受自然或人工等因素的作用可能会引发滑坡、泥石流等山地灾害。

5.1.2 山林型绿道植物多样性的主要问题

5.1.2.1 生态核心区域缺乏保护

生态核心区是指绿道中具有重要生态价值的区域，能够保护绿道内核心动植物种类，维持绿道的生物多样性。而在绿道的实际建设和使用中，往往缺少对生态核心区的合理规划和重点保护，将其与绿道的其他区域等同对待，在核心区域内开辟游径、种植观赏性植物、设置活动设施等。这些行为会使植物种类和群落环境发生改变，植物的自然演替受到干扰，生物的生境被破坏甚至丧失，最终导致绿道的植物多样性发生退化。

5.1.2.2 自然森林植物郁闭度过高

自然森林的植物虽然较少受到人为干预，长期处于自然演替状态，但随着林龄增长，森林郁闭度逐渐增大，不同植物的树冠或根系易相互影响，产生相互争夺生长空间的情况。由于上层植被郁闭度过高，下层植被无法获得充足的阳光和水分，导致其生长受到抑制，从而严重影响林分质量。一般在这种情况下森林会进行自我稀疏，但自我稀疏可能并不一定能实现合理的植被密度，自我稀疏后的森林可能仍然存在林内单位面积上株数密度过大、生长状态不良的情况。同时,有些林地内生长着一些有害植物,它们会占据林地内的主要生长空间,对其他植物的正常生长造成严重阻碍。例如美国费城的费尔芒特公园,其森林中的植物长期处于自然演替状态,缺少适当的人为干预,林地的上层乔木生长过密,森林郁闭度过高(见图 5-1),已经影响下层植物的生长,部分植物群落甚至出现了一定程度的退化。

图 5-1 费尔芒特公园郁闭度过高的森林
(图片来源: www.google.com)

5.1.2.3 人工造林的森林植被单一化

山林型绿道中的部分山林一般是由人工造林形成的或者是由原有林场改造的,人工造林的优点是能够迅速形成一定的规模,缺点是形成的林地往往存在植被单一化的问题(见图 5-2)。植被的单一化主要表现为: ① 植物种类单一,人工造林基本以纯林为主,植物类型比较单一;② 植物树龄单一,由于人工造林多采取大面积统一种植的方式,植物的生长周期相近,因此林地里植物的树龄基本一致,无法形成异龄林;③ 群落结构单一,以纯林为主的林地群落结构单一,大多数林地缺乏灌木层和草本层植物,藤本植物更为罕见,造成植物群落结构分化明显,影响群落的稳定性。例如,深圳梧桐山森林公园绿道的林下植物群落结构就过于简单。相当多的林地缺乏林下植被,大多以单层的乔木和草地结构为主,缺少小乔木和灌木层植物,且各个层次上缺乏复合式

图 5-2 人工造林植物单一化
（图片来源：www.iaim.com）

结构，有些地方甚至是裸岩，植物群落配置在规模和结构等方面都需要进一步改善(乔红 等，2013)。

树种单一、树龄单一、结构单一导致林场的植物群落无法形成异龄复合林，结果是林场的生态环境脆弱，抵御病虫害、抗灾害的能力弱，植物的群落稳定性差。因此，在绿道建设中需要对这部分林地进行适当改造，使其符合绿道的植物多样性的原则和需求。

5.1.2.4 生物多样性功能被忽视

山林型绿道是维持城市生物多样性的重要场所，其中的动植物种类多且丰富。但在实际绿道建设中，设计者常常只考虑满足人的使用需求，而忽略了动物也是绿道的“使用者”之一。在植物物种的选择上以遮阴、观赏植物为主，没有适度种植供动物食用的植物种类；群落配置上主要塑造能够满足人类游憩活动所需的空间类型，缺少对动物栖息地和迁徙通道需求的思考。结果导致绿道建成后，无法发挥动物栖息地和通道的功能，原本生活于场地内的动物反而消失了，成了动物的“真空道”。

5.1.3 山林型绿道的植物多样性营建策略

5.1.3.1 分区保护模式策略

城市山林中还有部分未被人类开发的区域，可能还保留着一些未被破坏的珍稀物种和天然植物群落。由于城市环境的改变，这些物种和群落已经退化甚至消失，而它们对城市生态环境实则具有很高的价值，因此山林中的植物需要重点保护，可以作为以后城市植物群落恢复的样本。在山林型绿道的植物多样性保护中，应该首先对山林现状进行调查，根据环境的生态敏感度和植物群落的重要程度进行分级，保护区的设置应该主要依据场地的植物种类是否丰富，是否有特有种、受威胁种和濒危物种等特征。另外，对于山林中未被破坏的自然植物群落和对生态环境具有核心价值的群落等应该实施重点保护。对场地进行分区管理，既能起到保护植物多样性的作用，又可以满足人们的使用需求。

分区构建的模式可以借鉴自然保护区的模式，在自然保护区设计中，场地一般设置核心区、缓冲区、实验区三种类型的区域(见图 5-3)：① 核心区是禁止一切人类活动干预的区域，只能进行有限的科研活动，不对游人开放。② 缓冲区是围绕核心区外围的区域，主要目的是恢复保护区的原始自然风貌，可进行有限制的观光游览活动。同时作为缓冲地带减少人类活动对核心区的干扰，并作为后备栖息地满足物种保护的需要。③ 实验区是可以进行适度开发的区域，允许当地居民在此区域居住并可进行科研活动。自然保护区功能分区构建的空间模式很好地解决了自然保护与生产、科研、旅游之间的矛盾，为多功能并

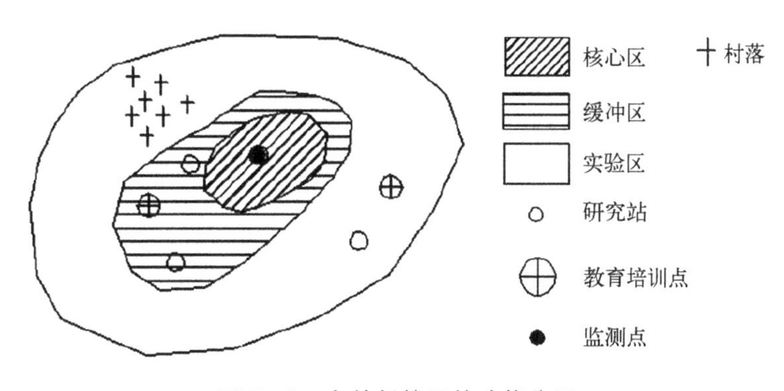

图 5-3　自然保护区的功能分区
(图片来源：www.baidu.com)

存的实现提供了可能性。

山林型绿道中的栖息地与自然保护区虽有所区别，但都以保护动植物多样性功能为主，在本质上有相似性。因此，可以对山林型绿道采取“核心区—缓冲带—活动区”的模式，将场地分为核心保护区、缓冲区和一般活动区三级，进行分区管理。同时，根据里德·诺斯（Reed Noss）等提出的“保护区网模式”（傅伯杰 等，2011），不应将核心保护区进行孤立保护。需要在核心保护区之间建立联系，尽量形成核心保护区的网络状结构，阻止种群减少和生物多样性降低的趋势。山林型绿道的基本空间结构如图5-4所示。

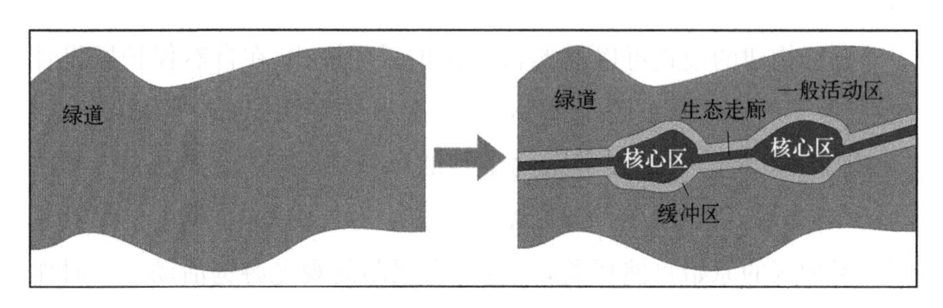

图5-4 “核心区—缓冲区——般活动区”模式

1. 保护生态敏感的核心区

划定生态敏感的核心区范围，进行严格保护，禁止核心区内举办建设活动，包括任何土方开挖、开采区域内的植被资源等，保护原有的植被和乡土自然群落。禁止在核心区开辟游径而干扰野生动植物生境，减少人为干扰，维持植物的自然演替过程，最大限度地保护绿道的植物多样性。例如，珠三角绿道网络建设就提出了划定核心区的理念，将植被平均生长年限皆在50年以上、生态功能完善、动植物栖息地数量多、生物多样性丰富的区域划定为核心区，并在绿道建设中对其进行全封闭或者半封闭的重点保护，采取不干预或者少干预的方式，保持植物群落的自然状态，在此基础上充分保护和利用原有的地形地貌特征，提升动植物的生境质量。一般情况下核心区不允许慢行系统穿越。

核心区面积大小的确定是核心区规划的重点问题之一。根据岛屿生物地理学理论，核心区的面积越大，对植物多样性保护越有利。物种的传播方式、物种间的相互关系以及物种在生态系统中的地位等都是影响核心区面积大小的重要因素，另外，核心区与周围环境的生境差异也是影响因素之一。如果核心区与周围环境的生境相类似，那么其面积可以小一些，反之，则需要适当增加核心区的面积。岛屿生物地理学理论还认为，大的核心区可以包含更多的物种，一个大的核心区的作用要优于几个小的核心区。栖息地异质性假说认为，物种数量随面积的增加主要是由栖息地异质性的增加促成的，因此在适当的范围内，大的栖息地意味着栖息地的异质性。与此同时，该假说指出不应该在同一地区设置过大的核心区，因为栖息地的异质性也是有限的。赞同边缘效应的人认为，小面积的核心区可增加核心区的边界和物质之间的交流，在一定程度上可以增加物种的多样性(邢福武 等,2003)。因此，核心区面积的大小应该根据保护的物种本身的生物学和生态学特征来确定，任何核心区面积的确定必须与种群存活的最小面积相符合。

2. 核心区周围设置缓冲区

缓冲区的设置应根据绿道的具体情况而定，需要保证核心区的植物被严格保护。缓冲区要有一定的宽度，保证内部群落的稳定性；假如游径必须要穿越缓冲区，应尽可能地保持狭窄以防对野生生物及边缘物种造成干扰；尽可能地使用瞭望、俯瞰及其他非干扰性方式对敏感地区进行参观体验；可以利用植物作为内部的核心区和缓冲区之间的屏障，防止人类对核心区的干扰和进入，选择的屏障植物应该尽量与核心区边缘的植物类型相似，并以枝叶稠密的阔叶类植物为主，注意植物的季相变化，防止冬天因为植物落叶而导致的防护效果减弱。

3. 缓冲区外布置一般活动区

一般活动区布置在缓冲区外，是绿道休闲游憩的主要区域。此区域内可规划活动场地，设置管理设施、商业服务设施、游憩设施、科普教育设施和环境卫生设施等，满足人们的使用需求。在此区域内规划的交通慢行系统宜主要以自行车道和慢行道为主，发挥绿道的交通功能。

慢行系统的设置应沿着缓冲区的外围，避免穿越核心区和缓冲区。

5.1.3.2 适当人为干预策略

根据生态学的中度干扰假说，物种丰富度在中等干扰水平时最大。城市绿道要保护和维持植物多样性，就不能简单地排除干扰，因为干扰在某些情况下可能成为促进植物多样性的有效方式之一，特别是中等程度的干扰能增强多样性。在必要时，应该对植物群落进行适当的人为干预，适当的干预并不会影响植物群落的自然演替过程，反而会对群落的多样性起到促进作用。植物群落中的断层、新演替、斑块状的镶嵌等等，都可能是维持和产生多样性的有力手段，例如，斑块状的砍伐森林可能会增加植物物种多样性（杨持，2007）。

针对林地中郁闭度过高、植物群落结构不合理的情况，应适当进行人为干预，适当间伐生长过密的植物，梳理林地内部植物结构，清理影响其他植物生长的有害植物，恢复植物的健康生长环境。间伐有助于减少植物间的无益竞争，为植物争取生长空间，提高植物生长速度，改善植物的生长条件，提高林内的光照强度。Wetzel 等（2001）通过实验对林分进行了三种不同强度的采伐，并对采伐后的光照效果进行测定，结果显示，未间伐过的林分的整个生长季的光照水平为 14%，而间伐强度最大的林分的光照水平可以达到 62%，而且林分的光照水平是随着间伐强度的增强而逐渐增加的。而且，间伐可以改变森林中树龄相同的现象，有助于发展异龄复层混交林，通过这种人工诱导的方式，可形成比较理想、稳定的群落结构，可为下层的小乔木、灌木和草本植物创造生长环境，有利于形成乔、灌、草多层的群落结构，进而提高山林型绿道的植物多样性（乐能生，2016）（见图 5－5）。

美国费城费尔芒特公园绿道的山林区域一直保持着自然演替状态，很少受到人类活动的影响，也正因如此，部分森林存在着郁闭度过高、植物群落出现退化的情况。为了使植物更好地生长，公园管理部门会定期对森林内的植物群落进行维护，适当间伐生长过密的乔木，为下层植物的生长创造空间，从而促进森林植物群落的正常生长（见图 5－6）。

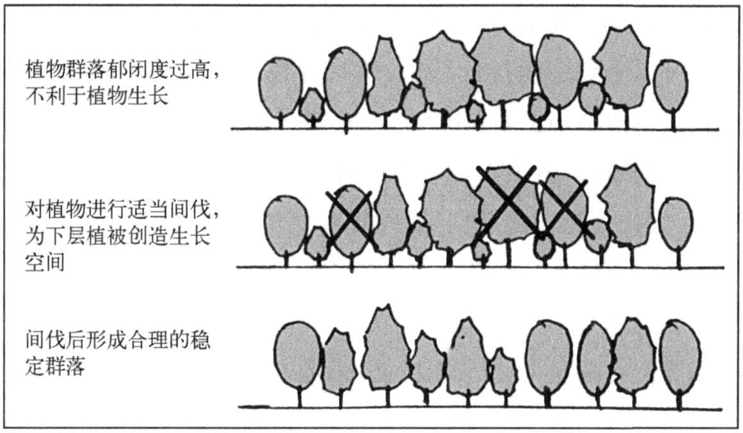

植物群落郁闭度过高，
不利于植物生长

对植物进行适当间伐，
为下层植被创造生长
空间

间伐后形成合理的稳
定群落

图 5－5　森林植物间伐示意图

图 5－6　费尔芒特公园的林地间伐
（图片来源：www.philly pedals.com）

5.1.3.3　复合型群落结构策略

根据生态学的观点，植物多样性影响稳定性。植物群落结构越复杂，植物多样性就会越高，相应的，其形成的生态系统就越稳定。可以说，植物多样性是植物群落相对稳定的基础（杨小波，2009），植物种类或结构单一的森林群落是无法实现稳定性的。针对城市山林型绿道中人工造林植物单一化的特点，应该依据生态位原理，对森林结构进行林相改造。可以采取层间择伐补植、块状皆伐群植及林中间种和草地补植等方式进行改造，还可以引入一些观赏价值高、生长好的植物代替一些生长不良的植物（古焕军，2012）。对林分地适当改造，可丰富森林的植物物种，优化植物群落结构，形成复合型植物群落结构。群落结构优化主要基于以下四个方面：

1. 补植改造

根据混交林树种的生态学特征，采取补植改造技术。以混交林的方式为主，仿照地带性原生植物群落的组成和结构进行补植改造，在现有纯林的基础上适当补植适宜的树种。补植改造前应该首先调查林地的现状，需要补植改造的位置，场地现有植物群落的组成、密度、林龄等信息，然后综合考虑混交林营造的混交植物类型、种植点配置和密度、混交方法等各个技术环节（高育剑，2004）。

2. 基于生态位原理的植物选择

群落中的建群种、优势种、亚优势种和伴生种的选择应遵循生态位原理。其中建群种或优势种占据群落中主要的生态位，一般在群落中所占的数量和面积最大，它决定了群落的性质，直接影响甚至决定群落的结构和功能。同时在群落不同的生态位上种植亚优势种和伴生种，丰富群落的层次和结构。一般情况下，植物物种的选择和搭配可以参考同一地区的自然地带性顶级群落，通过模拟自然地带性顶级群落中各物种的植株比、密度、组合形式等，形成结构稳定、多样性丰富的复合植物群落。同时，重视树种选择的景观效果，适当增加彩色叶树种，考虑树种的季相变化，通过植物的合理搭配，延长植物群落的花期，提升山林型绿道的景观效果。

3. 林下灌木及地被植物的恢复

人工造林形成的森林通常以上层乔木为主，下层灌木和草本植物种植较少，因此宜在过于空旷的区域及单一的林分中补植下层的灌木和草本植物（仲铭锦，2003），形成复合型的立体化群落，丰富植物的群落结构。

4. 实时监测

在植物群落种植完成后，须对植物群落的生长情况进行实时监测，及时调整群落中出现的问题，为改造植物创造生长条件和空间，并根据需要进行植物补种。

广东湛江市三岭山森林公园绿道曾经是三岭山林场。林场过去有成片的人工经济林，主要以加勒比松、叶相思、木麻黄、尾叶桉、湿地松、马尾松等经济植物的纯林为主，森林结构相对单一，而且人工经济林的种植也导致山林的原生植被遭到严重破坏。因此，三岭山森林公园绿道建设中需要改造现有的人工经济林，促进森林植物多样性群落的恢复，营造具有热带地域特色的景观。

森林植物群落改造主要通过抚育间伐和引种树种的方式，形成多种复层人工生态系统。在人工松树纯林区内，首先对现有松树进行强度控制在30%～50%范围内的分批次小块状或者带状抚育间伐，然后在森林中补植一定数量的乔木植物，如乌桕、重阳木、北美枫香、红叶石楠等，并增加本土乡土地被植物，营造松阔混交林。在桉树林区，间伐乔木桉树，补植各类果树，增加种植低矮地被植物。树种选择采取以乡土树种为主，引种为辅的方式。栽植乡土树种时，采用乔木、灌木、藤本、地被结合的方式，乔木类如白兰、含笑、罗汉松等，灌木类如桃金娘、红千层、金缕梅等，藤本类如爬山虎、炮仗花等，地被类如炸酱草科、百合科等。引种树种的选择遵循耐贫瘠、抗盐碱、耐海风、抗硫抗酸的原则，以桃金娘科、山龙眼科、紫葳科、梧桐科等植物为主，能够适应湛江气候条件。在还处于生长期的常绿林内，利用季相变化明显的鸡爪槭、北美枫香等秋色叶树种和开花植物逐步代替现有的常绿树种，构建地带性常绿植物与落叶阔叶植物混交的森林群落结构，可达到季相变化和林相变化丰富的效果（易文芳 等，2012）（见图5-7）。

5.1.3.4　维持生物多样性的植物选择

植物能够为动物创造多样的栖息地和遮蔽场所，如小型兽类可以

图 5-7　三岭山森林公园绿道改造后效果
（资料来源：www.baidu.com）

在灌木丛中营巢，鸟类可以在高大乔木上营巢。植物又可以为动物提供食物，如种植松、杉或其他结坚果的树木可以招引松鼠，蜜源植物可以吸引蝴蝶等。因此，在山林型绿道的植物种类选择上，应兼顾其维持生物多样性的功能。

1. 作为动物栖息地的植物选择策略

植物多样性是动物生境多样性的基础。尽可能地保持植物种类的多样性，创造多种类型的生境和多层次、不同树龄的植物群落以吸引野生动物的栖息，在山林型绿道中建立林地、灌木丛、低洼地，甚至保留原始的生境都有助于营造动物的栖息地（傅伯杰 等，2011）。

例如，树栖类鸟营巢基本会选择在树枝较多、盖度较高的大型乔木中部，而地栖类鸟营巢会选择在灌木丛或禾本科草本植物间，以保证其栖息环境的安全（陈媛，2010）。灌木丛能够吸引鸟类、爬行类和昆虫类等动物，矮生林地中间杂高大的乔木，可以作为多种生物的栖息地，茂密的灌木丛和地被可以为动物提供视线屏障和庇护。哺乳类动物如麋鹿、羚羊等则需要比较茂密的林地环境。瑞典农业科学大学的科学家对城市中的动物进行了 13 800 次调查研究，调查结果显示，高层植被中生活着 68%的动物类型，乔木中生活着 45%的大型鸟类和 60%的中型鸟类，且小型鸟类对高层植被的依赖性更强。即使是大多数生活在空旷地带的哺乳类和昆虫类动物，它们的栖息地与植被尤其是稠密的灌木丛之间也可能存在非常密切的联系，因为调查发现，这些动物的栖息地与周围植被之间的距离都不超过 8 m。

一般来说,动物的种类与植物群落的垂直层数成正相关关系,也就是说植物群落的层数越多,动物的种类也就越多,因此植物群落配置要避免平均种植,尽量形成多层次、复杂性的结构。例如,森林植被的层次和结构为生物提供了独特的环境,可以支持不同的物种生存。一些动物在地面上捕食和繁殖,另一些栖息在森林下层,还有一些生活在林冠层。不同的植物复合群落可以为不同的生物提供栖息环境。例如有关学者在缅因州的研究表明,森林中的先锋林吸引美国灶巢鸟,低灌木丛吸引田地麻雀、纳什维尔莺和栗肋林莺,常绿林为莺提供栖息地,啄木鸟和金冠鷑鹲则栖息在顶级森林群落中,鸣禽类的鸟多栖息于林地间(见图 5 - 8)。因此,城市绿道植物种植时应尽可能增加森林群落在垂直方向上的层次,营造林冠层、林下小乔木层、灌木层、地被层等多层次的群落结构和生境类型,满足不同种类动物的栖息需要(周宏力 等,2006)。

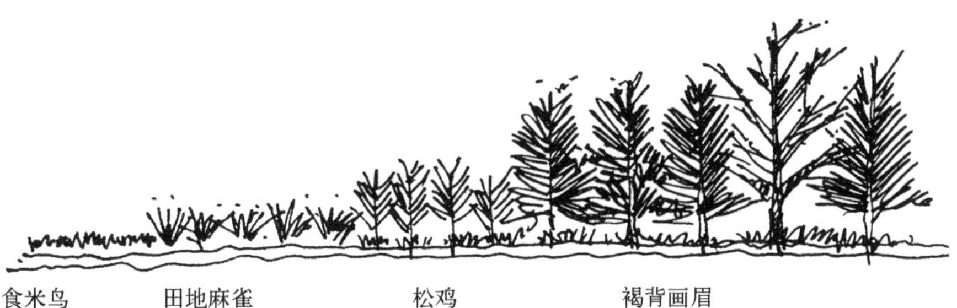

图 5 - 8　复合型植物群落为不同生物提供栖息地
(作者根据资料改绘)

另外,野生动物因为体型大小不同,需要栖息地的面积和规模也不同。因此,山林型绿道还要保证栖息地达到一定的面积和规模,满足生物的最小面积需求。一般来说,两栖类和爬行类动物需要的最小面积为 0.57 万 m^2;小型哺乳类动物为 0.65 万 m^2;陆生脊椎动物为 5.05 万 m^2,最小斑块直径为 20 m;鸟类生境斑块最小直径为 200 m,而且更喜欢林内生境，在小面积森林斑块中不能正常营巢(安·福赛思 等,2007)。而昆虫中蝴蝶、蛾类对栖息地规模的要求较小。

2. 作为动物食物来源的植物选择策略

食物是野生动物的第一需要，根据野生动物的种类和取食特点，种植适合不同动物需要的食源植物，对完善动物的生态系统食物链，重新将动物吸引到绿道环境中具有重要的意义。如表 5－1 所示为常见的可作为动物食物源的植物。例如山林绿道中应配置一定数量的蜜源植物：刺槐、荆条、丁香属、蔷薇科等植物可以吸引蜜蜂和蝴蝶等昆虫，栎属、榛属、蔷薇科、忍冬科、伞形花科等植物的果实可以吸引小型啮齿类、鸟类和昆虫等动物。

表 5－1　常见的可作为动物食物源的植物

取食动物	动物食物源植物名称
啮齿类	锥栗、板栗、核桃、栎树、杉木、杨梅、樱桃、桑树、柿树、枇杷、火棘、枸杞、胡颓子、牛奶子等
鸟　类	桃树、杏树、梨树、海棠、柿树、桑树、女贞、刺槐、卫矛、葡萄、小檗、樱桃、朴树、山楂、麻栎、白桦、山毛榉、樟树、珊瑚树、漆树、石榴、无花果、构树、鹅掌楸、梓树、枫香、火棘、枸杞、南蛇藤、三角槭、平枝栒子等
蝴蝶等昆虫类	刺槐、荆条、丁香属、蔷薇科、柑橘、枇杷、女贞、杨梅、石楠、乌桕、国槐、枣、合欢、石榴、山楂、黄杨、火棘、大叶黄杨、枸杞、桑树、臭椿、盐肤木、蜡梅、六道木、泡桐、紫椴、蔷薇、满山红、山茶、含笑、绣线菊、小腊、柿树等

3. 作为动物廊道的植物选择策略

在山林型绿道中，为保障野生动物迁徙和扩散等活动而建造或保留的动物廊道，分为动物迁徙廊道和动物通道两种类型。

1) 作为动物迁徙廊道的植物选择

山林型绿道由于植被覆盖良好，远离人们干扰，而且通常与自然环境相连接，是城市中动物运动迁徙的主要通道。因此，需要在山林型绿道建设中考虑动物运动、迁徙的需求，为动物规划适宜的迁徙廊道。不同类型的动物需要不同的植物种类和廊道宽度，规划前应明确需要保护的目标物种，针对目标物种设置专门的野生动物廊道。植物选择方面，应保证植物的自然性，对于已经退化的天然植被，应进行恢复和重建，禁止使用外来物种，对于人工植被，应仿照天然植被进行改造。植物群落营建的形式、体量和颜色应保持与自然景观相协调①。

荷兰海尔德兰省"蓝色纽带"工程的生态廊道以满足目标物种的需求为主要构建原则。在建设中挑选了獾、蜥蜴、大冠蝾螈、红棕色大蝴蝶等为目标物种，并针对目标物种构建生态廊道景观模型。其中，与冠蝾螈相关的景观由生态廊道和嵌入景观中的暂栖地组成，其他物种如野青蛙、树蛙、锄足蟾、草蛇等也会从这一廊道受益(容曼，2011)。该工程对生态廊道有以下要求：植被方面需要有灌木丛、湿润的少营养草地、落叶灌林地、树木茂盛的堤岸、排水沟、壕沟、小溪及其堤岸，廊道最小宽度为 10～15 m，最大长度为500 m，最大干扰距离为 50～100 m。减少公路、铁路等屏障的影响，如有耕地等影响较小的屏障，需要采取增加隧道等补偿措施，如果可以增加大型隧道(直径大于 1 m)，则效果更好。

2）动物通道的植物选择

山林型绿道常常被城市道路隔断，阻断了动物运动和迁徙的路线。有研究指出，公路对森林哺乳动物的阻隔作用非常明显，一条四车道公路的阻隔作用相当于其两倍宽度的河水，因此，通过修建动物通道来恢复道路两侧的连通性，可以保障动物的正常运动和迁徙，有助于维持和恢复动物多样性，其中植物作为构建动物通道的重要因素，会直接影响通道的质量和动物的使用。

城市山林绿道中的动物通道主要是供小型兽类、哺乳类、两栖类和爬行类动物使用的，如北京城市山林中目前常见的有野兔、松鼠、猪獾、狗獾、黄鼬等野生动物。由于大部分的小型动物喜欢在有植被覆盖的地方

① 资料详见：《LY/T 2016—2012 陆生野生动物廊道设计技术规程》。

活动，所以如果通道周围没有植被覆盖，可能会导致动物远离通道。

首先，应该在通道桥面入口处种植植物，植物选择要与周围栖息地尽量相同，营造与栖息地一样的生境，保持栖息地环境的连续性，这样不会让动物感觉到生境的变化，且能促进动物靠近并使用通道。其次，应使通道桥面的植物覆盖面积至少占桥面的70%（王云才 等，2009）。采用草本植物、低矮灌木和乔木搭配的方式，营造不同的景观类型，如草地、灌木、林地等，并针对不同的景观类型制订不同的种植策略，以满足更多种类的野生动物需求。例如，草地能为喜欢开放环境和视野开阔的动物提供使用环境，灌木能够为小型动物如刺猬、松鼠、獾等提供庇护和遮挡，乔木能为较大型的动物提供遮挡，也为一些利用树木进行运动的动物提供方便。在美国ARC国际野生动物廊道设计大赛中，MVVA设计事务所的方案试图将周边的景观和栖息地浓缩在通道中，使其具备多层景观基底（森林、草地、灌木、卵石）。另外，在通道入口和桥两侧应密植乔木和灌木，植物具有隔音和遮光效果，可降低道路噪声和光线对动物使用通道的干扰（见图5-9）。

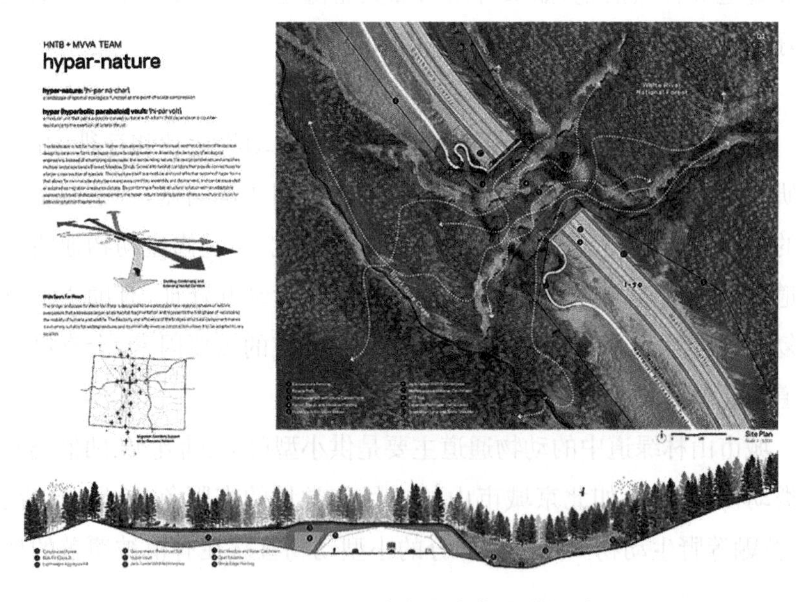

图5-9　MVVA事务所生物通道设计

（图片来源：www.mvvainc.com）

北京奥林匹克公园中的生物廊道是为维护生物多样性而设计的跨越高速公路的大型动物通道(见图 5-10),通道横跨穿越公园的北五环路,将公园的南北两区连接起来。生物廊道平面长度近 270 m,宽度在 60～110 m。植物选择方面主要采用华北地区乡土植物品种,常绿植物与落叶植物的比例为 4∶6,常绿植物有白皮松、油松等,落叶植物有白蜡、栾树、五角枫、国槐、丁香等,同时搭配蒲公英、二月兰、石竹、紫花地丁、马蔺等十余种地被植物,营造出适合不同类型动物使用的自然环境。该区域栖息着小型哺乳动物、鸟类和昆虫等上百种动物。生态廊道连接了森林公园的南北两区,为动物在两区之间的运动和迁徙提供了通道,从而带动该地区生物的物种繁殖,保护了该地区的生物多样性。

图 5-10　北京奥林匹克森林公园动物通道
(图片来源：www.baidu.com)

5.2 滨河型绿道植物多样性研究

5.2.1 滨河型绿道概况

5.2.1.1 滨河型绿道的定义

广义上的滨河型绿道是指河流本身以及不同于周围基质的沿河分布的绿色植被带，包括河道、河漫滩、河岸高地等（李莉，2014），狭义上的滨河型绿道主要针对河流本身而言，是指沿河流分布的绿色植被带（罗坤，2009）。本书中的城市滨河型绿道是指沿城市河流等水体岸线，具有良好的滨水景观与亲水环境的绿道类型，具备维持城市河流生态、娱乐休闲、游憩、文化遗产等功能。

5.2.1.2 滨河型绿道的特点

1. 生物多样性丰富

城市滨河型绿道是城市绿道的重要组成部分，它是城市空间和自然水环境之间的过渡带，是连接河流及流域内各个斑块的生态纽带，在纵向、横向上分别与周围环境有着多种联系，因此其中有着丰富的动植物种类和数量。河流在纵向上保持着连续性，连接着不同的斑块，有利于动植物的繁殖和扩散，以及营养物质的运输；在横向上形成了丰富的水陆交错带，创造出多样性的生境，分布着多样的陆生、水生、湿生植物，适宜多样物种的生存。同时，滨河型绿道与周围林地、城市公园等绿地相连接，有利于促进不同物种间的能量和物质交换。许多研究表明，滨河型绿道是许多动植物的独特栖息地，与其他生态系统相比，其拥有的动植物种类和数量要多很多。例如美国西部河溪边岸的植物种类占整个地区所有种类的70%～80%，而其面积却只占地区总面积的10%～15%（赵奇，2012）。

2. 人工改造的痕迹明显

目前，城市中的大部分河流都被进行过不同程度的改造。虽然滨河型绿道建设会对原来的城市河流进行生态修复，但由于滨河型绿道所处城市的环境特殊性和功能需求，此举无法完全恢复城市河流的自然面貌，人工改造的痕迹还是比较明显。平面化、直线化的形态仍然是城市滨河绿道的主要特征。

3. 具有防洪需求，水位季节性变化大

河流作为城市中主要的排洪渠道，水位季节性变化大，夏季多雨时水位明显高于常水位，甚至会淹没部分滨河步道，冬季干旱少雨时水位较低，甚至处于枯水状态。例如青岛海泊河绿道，夏季时雨水充沛，水位较高，而冬季则干旱少雨，河床几乎完全裸露。因此在种植植物时，应该针对滨河绿道水位季节性变化大的特点，合理选择耐水湿和耐旱植物，在河岸垂直方向上进行合理配置。

5.2.2 滨河型绿道的植物多样性问题

5.2.2.1 河道工程改造导致植物生境丧失

过去几十年里，河道工程改造的主要目标是保证河道的畅通与稳定，防止河水对堤岸的冲蚀，常见的工程改造措施有截弯取直、河流筑堤、缩窄河床、固化河岸、混凝土衬砌河道等。河道的工程改造有时会使河流形态变得平直化，失去自然蜿蜒的特征，原本植物类型丰富的河漫滩被改造成人工硬质化驳岸、浅滩、生态岛屿、天然湿地等，生境多样性大量减少甚至丧失。

5.2.2.2 植物种植照搬城市绿地模式

滨河绿道植物种植仍以模仿城市公园的植物种植为主，缺乏针对滨河绿道特点的科学系统性研究。不重视河流的结构和生境类型的恢复，致使植物缺乏适宜的生境；对不同植物的耐水湿程度研究不足，植物选择照搬城市其他绿地的植物类型；群落搭配忽视滨河驳岸高差变化大的特点，导致在垂直方向上不能形成合理、连续的植物群落结构；盲目引入外来物种，清理原本生长于此地的植物，对河岸植被群落的稳定性产生了严重影响。

5.2.2.3 植物选择缺乏功能性考虑

滨河植物选择过于注重其景观功能，常常选择一些花色鲜艳、姿态优美的观赏性植物，而忽视了植物的生态服务功能，如水质净化、保持水土等，导致河道重金属物质污染严重。又由于缺乏吸收氮、磷的植物，如此建设的后果将造成水质富营养化，藻类植物泛滥。若所选植物的根系固土能力有限，水土流失等现象将时有发生。

5.2.2.4 生物多样性功能被忽视

滨河型绿道建设中，只关注了人类的功能需求，忽略了动物的栖息和迁徙需求。滨河型绿道是城市滨水动物的主要栖息地，因此选择植物时应该同时考虑动物的需求，为动物特别是两栖类和鱼类创造栖息环境和迁徙通道，有针对性地种植一些动物可以食用的植物，保护水岸的生物多样性。

5.2.3 滨河型绿道的植物多样性营建策略

5.2.3.1 生境多样性营造策略

一般来说，生境的多样性有利于植物物种的多样性，因此，滨河绿道中应尽量营造多样性的生境，为不同类型的植物提供生长空间。自然状态下的河流，由于水体的流动和对岸线不断地冲刷，会形成河岸高地、河漫滩、浅滩、岛屿等多种植物生境(见图 5-11)。

河道工程改造常常是对河流多样化的地貌形态进行简单化处理，硬质化现象严重，导致生境单一化和部分生境丧失。目前，大部分的城市河流区域只有河岸高地具备比较好的种植条件，河漫滩和河道中基本已经无法进行植物种植，故应该主要针对河漫滩和河道区域进行生态改造，恢复滨河型绿道的生境多样性。由于城市河流具有防洪等需求，很难对河流进行彻底改造以完全恢复其自然形态，因此，只能有针对性地提出适宜

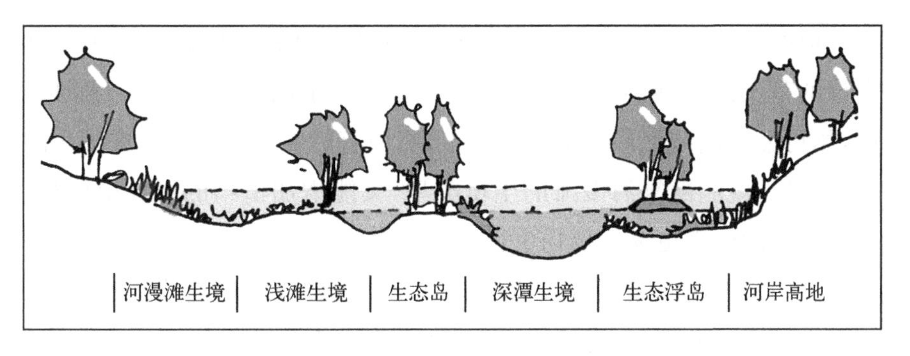

图 5－11　自然河道生境多样性断面结构

的营造策略，尽可能地营造生境的多样性，为植物和动物创造栖息环境。

1. 营造河漫滩生境

河漫滩区域是河流和陆地的过渡带，自然状态下的河漫滩由于会周期性被水淹没，呈现出干、湿不同的变化状态，能够满足不同植物对水分的需要。因此，此处的植被从种类和数量上都比较丰富，是滨河型绿道植物多样性相对丰富的区域。河漫滩生境的营造主要通过两种方式，一种方式是改变河岸坡度（见图 5－12），另一种方式是将人工驳岸改造成生态驳岸。

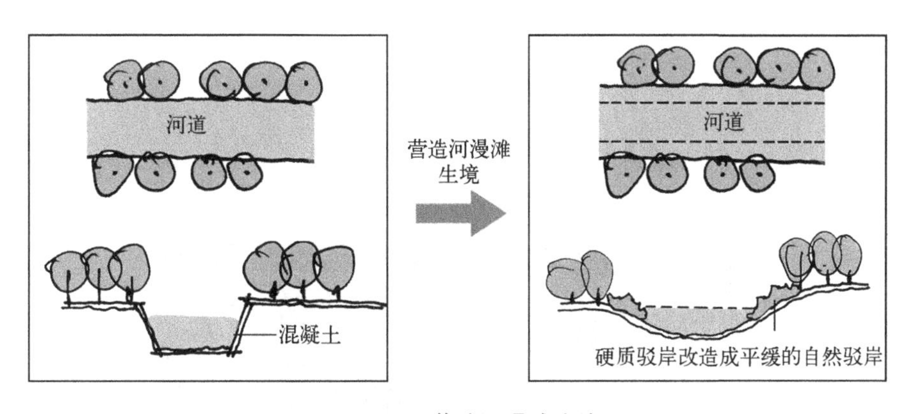

图 5－12　营造河漫滩生境

1）减缓河岸的坡度

出于防洪和城市用地限制等原因，人工改造过的河岸一般宽度较窄且坡度较陡，几乎没有供植物生长的河岸缓冲带。因此，在用地宽度允许的范围内，拓展河道的宽度，增加河道与河岸高地之间的河漫滩宽度，尽可能地消减河岸和河道的落差，将原有较陡的驳岸改造成平缓的自然驳岸，既能恢复河漫滩的生境类型，又能增加植物的可种植面积，而且平缓的驳岸更易于植物生长。

美国水牛河漫步道在改造中将原先的硬质驳岸改造成生态驳岸。在河岸坡度的处理上，将场地原先 2∶1 的陡坡平整成 3∶1 的缓坡(见图 5-13)，加大了蓄水量，使得植物更易生长，同时将部分步行道向两侧后移，既能增加河岸缓冲带的宽度，又能减少人对河道生境的干扰，有助于植物多样性的恢复(隋心，2012)。

碧山宏茂桥公园在河流改造中将原来较陡的垂直驳岸改造成较平

图 5-13　陡坡改造
(图片来源：www.asla.org)

缓的自然驳岸。改造后河道的最宽区域由原来的 24 m 增加到 100 m，河流的泄洪能力也随之提高，同时为植物生长提供了更适宜的空间（见图 5－14）。

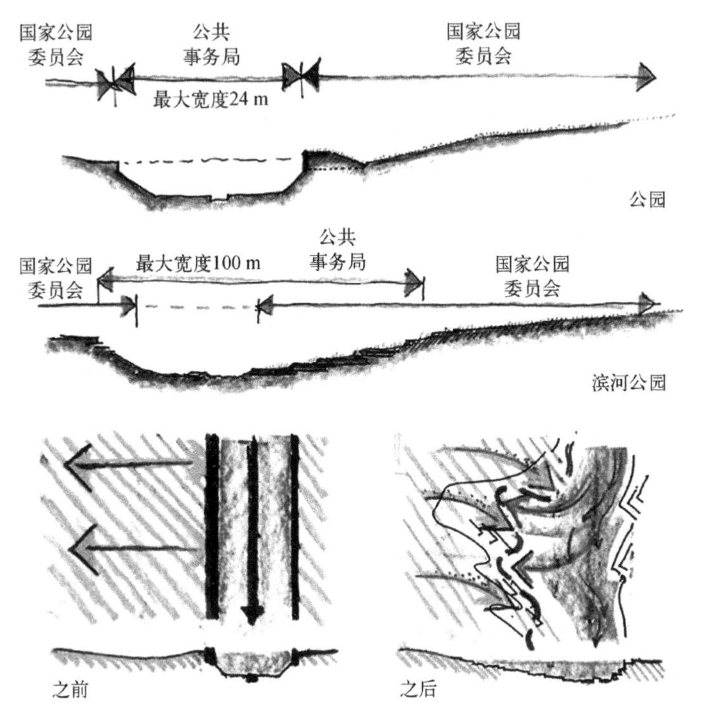

图 5－14　碧山宏茂桥公园硬质驳岸改造

（图片来源：www.asla.org）

2）营造生态驳岸

生态驳岸是一种比较接近自然驳岸的人工驳岸形式，与混凝土护岸相比，其具有良好的可渗透性，能在滨水区域形成动物—植物—土壤—水体之间良好的物种和能量循环系统。良好的土壤和水环境为植物的种植提供条件；植物又为鱼虾类、两栖类动物提供栖息空间（张婧等，2010）。渠化河流大部分是用钢筋混凝土和石堆挡土墙建造的人工驳岸，这种驳岸形式导致植物失去了生长空间和环境，因此生态驳岸的营造是保护滨河绿道植物多样性的重要途径（牛铜钢，2008）。

目前，实际工程中的生态型护岸技术应用主要有以下几种类型。

(1) 抛石护岸。

抛石护岸是将不同大小的块石抛置护岸施以保护的技术，是目前比较常用的一种方式，适用于中低流速的河道。其优点是施工简单，而且块石能够适应河岸岸坡和河床的后期变形，块石粗糙的表面可以减小水流的冲击作用，能起到保护河岸土壤、防止水土流失的作用。抛石护岸技术也可以与活体植物相结合，达到更好加固河岸的目的，同时可应用于不适宜植物生长的区域，来改善河岸的栖息地条件。

20世纪90年代初，日本在西方绿道概念的影响下也进行了“多自然型河川计划”。为挽救城市的生态环境，保障市内河流的生态，在“生态河堤”改造的过程中，不再使用水泥板做河流护岸，而是选择使用卵石和木桩竹笼等天然材料，用这种抛石护岸的形式为植物营造一个自然生长空间(Asakawa，2004)。

(2) 植物护岸。

旺盛的植物通常会成为加固和绿化河岸的主要材料和结构。植物护岸主要有两种形式：一种是乔、灌、草结合的植物护坡技术；另一种是利用能生根的植物茎枝等的护坡技术，即活枝护岸。

乔、灌、草结合的植物护坡是指从河道坡顶到堤岸坡脚，依次种植具有护坡能力的中生、湿生、挺水、浮水和沉水植物等。植物的选择首先应以乡土植物为主，选择其中根系发达的植物种类。根系发达的植物能够对坡面进行有效的覆盖和保护，在水土保持方面具有很好的效果。比如池杉、水杉、垂柳、菖蒲、香蒲等耐水湿的植物，它们发达的根系结构可用来稳固堤岸，同时能促进带有营养物的泥沙淤积，缓解水流的流速，还可为野生生物提供遮阴和产卵的环境。

活枝护岸是通过栽植活的植物枝条为河岸提供防护，使河岸坡地表面的土壤免受侵蚀。根系生长形成后可起到稳固坡地的作用。活枝护岸能有效地减小水流对河岸的侵蚀，改善水生植物的栖息地环境，并能增强景观效果。此技术主要有梢料排护岸、梢料层护岸、梢料捆护岸和扦插护岸等几种形式，各种形式的使用材料、施工过程和评价如表5-2所示。

表 5－2　几种主要的植物护岸类型

名　称	材　料	施工过程	评　　价
梢料层	有较高发芽能力、分叉的木本植物枝条(每米5～10根),可为柳树枝条	将活体枝条置于填土层或开挖沟渠内,从边坡的底部开始,以此向上进行施工。梢料层应倾斜向内,枝条顶端朝外,后端插入未扰动土 20 cm 左右。在枝条上部进行回填,并适当压实	应用于较缓堤岸的软化上;减少河岸侵蚀,稳固边坡,防止发生浅层滑动,增强土体整体稳定性;改善河道岸坡栖息地环境,增强景观效果,形成密集的顶级植物群落;机械参与,易于施工,价格便宜;新生枝条可作为其他施工项目的备用材料;挖方或填方量较大
梢料排	不小于 1.5 m 的有较高发芽能力、分叉的木本植物枝条,用来固定植物枝条的木桩、钢桩、铁丝,坡脚保护工程所需材料,土壤	在坡面覆盖活枝条,枝条粗的一段伸如水中,树枝的底部用梢捆、原木或石头等材料压实,防止坡脚冲蚀。选择在秋冬季植物休眠时期进行施工,方法是将植物插条插入灌丛垫上,用绳子将插条上小的分枝绑在地面的灌丛垫上,压紧后用土壤轻覆在灌丛垫上	应用于较缓堤岸的软化上;能较快形成密集的植物根系系统及植被层,稳固坡岸;有效减少河岸侵蚀,为植物提供直接的保护层;改善河道岸坡栖息地环境,增强景观效果;施工灵活

续 表

名称	材料	施工过程	评价
扦插	30～60 cm 长的多年生木本植物的截枝，底端削尖	将枝条插入土壤，仅露出地表几厘米	固定浅层土壤，适用于生态需求强而防洪压力较小的小型河道；施工简便灵活，但可选择植物材料的种类较少
梢料捆	有较高发芽能力、分叉的木本植物枝条，铁丝或麻绳，砾石、石块、木材或钢质固定材料，抗撕裂的自然或合成纤维土工布、铁丝网	将有生命力的植物茎或枝条捆成捆，放在预定的位置，并用木桩固定，最后回填土。施工应在植物休眠期进行	可应用于较缓堤岸的软化上；减少河岸侵蚀，稳固潮湿边坡；改善河道岸坡栖息地环境，增强景观效果，形成密集的顶级植物群落；施工简单迅速，对深层土壤的稳定较小，对劳动力的需求较大

续 表

名 称	材 料	施工过程	评 价
灌丛垫	有较强发芽能力、分叉的木本植物枝条(小于1.5 m),用来固定植物枝条的木桩、钢桩、铁丝,坡脚保护工程所需的材料,土壤	植物枝条利用梢捆、原木或石材压实,并打入木桩稳定结构,土壤轻覆在灌丛垫上	形成密集根系系统,防护作用明显、迅速、稳定;新生枝条可作为其他施工项目的备用材料;施工灵活,但对植物材料和劳动力要求较大
植物纤维垫 植被 抛石 加筋植物纤维垫 锚固桩 土工布	椰壳纤维、黄麻、木棉、芦苇、稻草等天然纤维,混有草种的腐殖土,木桩,表土	用抛石固定坡脚,将植物纤维垫置于腐殖土之上,用木桩固定,并覆盖一层薄表层土,可在表层土内撒播种子,并穿过纤维垫扦插活枝条	适用于水流相对平缓、水位变化不大的小型河流;植物速生蔓延,形成植被覆盖层,构建自然型坡岸景观;可有效减少土壤侵蚀,增强土壤稳定性,促进泥沙淤积,为野生动物提供栖息地环境

注:作者根据韩玉玲等人的相关资料制成此表。

(3) 植物工程复合技术护岸。

植物工程复合技术是复合式的生态护坡技术，将工程技术与活体植物生物技术相结合，通过植被与锚杆、复合材料网的共同作用，实现护坡的目的。植物工程复合技术主要应用于河道岸坡坡度较陡、水流速度快、岸坡稳定性差的河段。

其一，石笼-灌木层插、土工格栅-灌木层插：石笼-灌木层插的具体操作方法是在装有石块的金属石笼土壤中栽植灌木柳枝，以形成石笼-灌木层插形式的固坡结构(韩玉玲 等，2009)。土工格栅-灌木层插的具体操作方法是首先将土壤固定在两层土工格栅之间的结构中，然后在两层土工格栅之间的土壤中栽植灌木柳枝，由此就形成了土工格栅-灌木层插的固坡结构。

芝加哥河在改造中采用比较自然、生态、柔性的生态护岸形式，来逐渐恢复芝加哥河的生物多样性。原有的板桩护岸虽然可以最大限度地利用滨河区域的土地，但这种做法以牺牲河岸的自然特征和保护区域为代价。因此，在改造设计中针对不同的河岸现状，用到了矮墙式河岸、植草网格护坡、岩块锚固护坡、生物工程技术(植物扦插技术、植物纤维卷技术、植被垫层技术)等(见图 5-15)，进行驳岸的生态修复，丰富了水生植物的数量和种类，为水生植物提供了良好的生境。

其二，生态混凝土护岸：生态混凝土护岸对于恢复滨水植物群落结构，为滨水动植物提供生存和繁衍的空间，增强水体的自我净化能力都有重要意义。生态型混凝土的骨架主要是多空隙混凝土，它是由混有硅灰的水泥和高炉炉渣、细料、粗骨料等材料构成的。在多孔混凝土的表面铺设表层土，一方面可以为植物的发芽和生长提供基质，另一方面也为植物发芽初期提供养分。吸水性高分子材料、苔泥炭及其混合物和无机的人工土壤常被用作保水材料。

生态混凝土的预制块体可直接作为河岸的护坡结构，也可以做成砌体结构挡土墙。植被型生态混凝土的缺点是无法为大型植物提供足够的生长空间，因此它适合应用于其他技术难以使用的坡岸角度较大、用地限制条件较多的河道护岸中。像无芒雀麦、紫花苜蓿、羊毛草等多

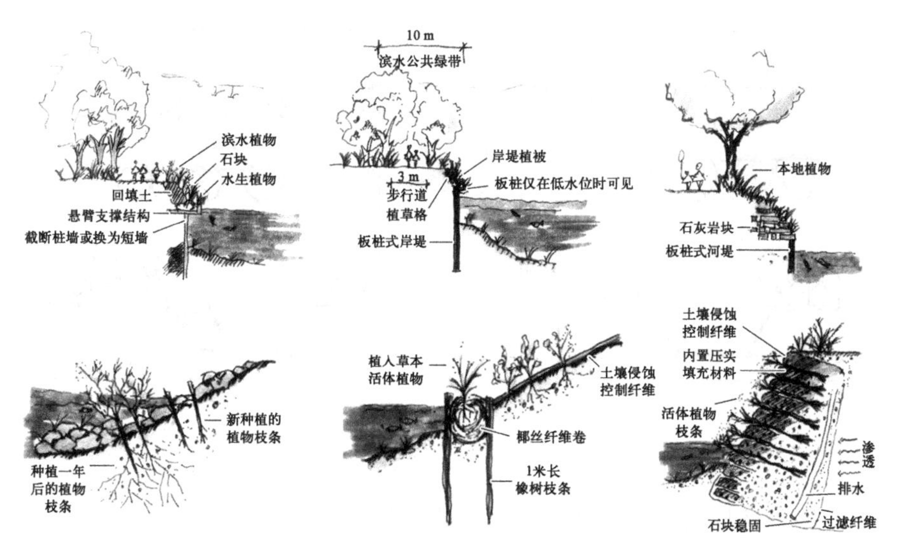

图 5-15　芝加哥河驳岸生态改造

（图片来源：万帆等，2008）

种草本植物都可以在植被型生态混凝土上生长良好，可以形成以草本植物为主的护岸景观（陈婉，2008）。

2. 营造浅滩生境

浅滩是高出周边河床 30～50 cm 的部分，工程改造的河道是几乎没有浅滩生境的，因为原本属于浅滩的空间，被硬质化变成了河岸与河道之间的落差。由于没有空间来恢复大面积的浅滩，因此可以增加点状绿化空间，即在河道两侧选择一些合适的区域进行空间扩展，将其恢复为河流的浅滩部分。这些区域相对来说水流速度较缓，在人工的干预下能创造出适合植物生长的环境（见图 5-16）。同时，浅滩的材料应该选择具有透水性的卵石、砾石、沙土、黏土等。这些材料适合于水生和湿生植物以及微生物生存。

3. 营造生态岛屿

滨河绿道的生态岛屿营造可以丰富城市河流的生态功能，改变原来工程化河流单一的截面结构，恢复河流的自然形态，增加河道中生态湿地的面积，增加近自然的浅滩，营建河流生境类型的多样性，为动植物提供生长和栖息场所。

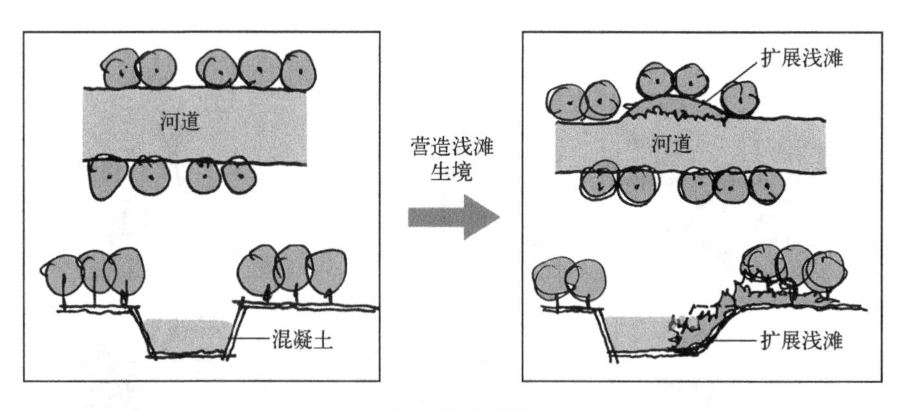

图 5－16　营造浅滩生境

生态岛屿的岸坡只需要用土质岸坡，在局部以生态工程技术加强其抗性即可，并不需要太多的工程化技术手段进行建设。由于生态岛屿上的植物群落在种植完成后遵循自然的演替规律生长，以粗放式的管理形式自由发展，而且岛屿的形状也可能因为水流的冲刷而发生变化，没有受过多的人工干预，因此，处于自然状态下的生态岛屿的生态效果可能会远高于传统的硬质护岸（见图 5－17）。

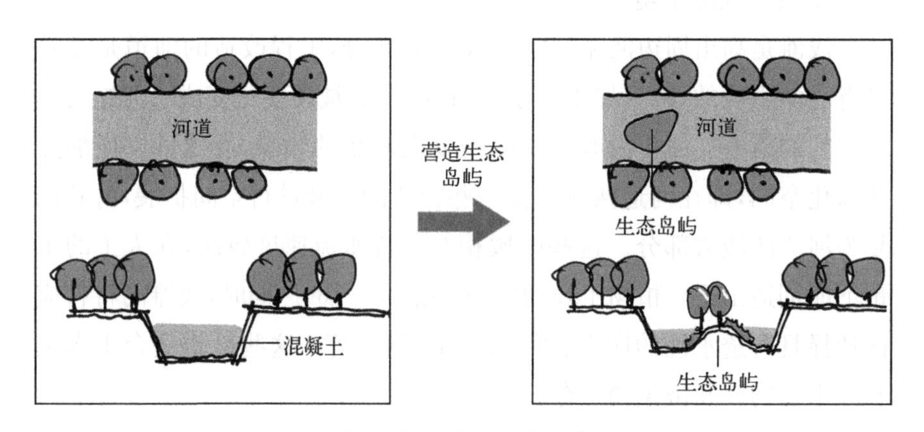

图 5－17　营造生态岛屿

4. 营造生态浮岛

生态浮岛是利用水上的浮岛单元将植物种植在河道内或湖面的生物技术。浮岛单元一般由五个部分组成：水生植物、种植篮、聚氨酯材质的种植介质、尼龙材质的连接扣和聚丙烯合成的塑料浮篮。为防止水流和风浪将生态浮岛吹走，其水下部分可根据地基的情况，采用驳岸式、锚固式、重量式等形式对浮岛进行固定，这样也能对浮岛单元之间的相互碰撞起到缓冲作用（见图 5－18）。

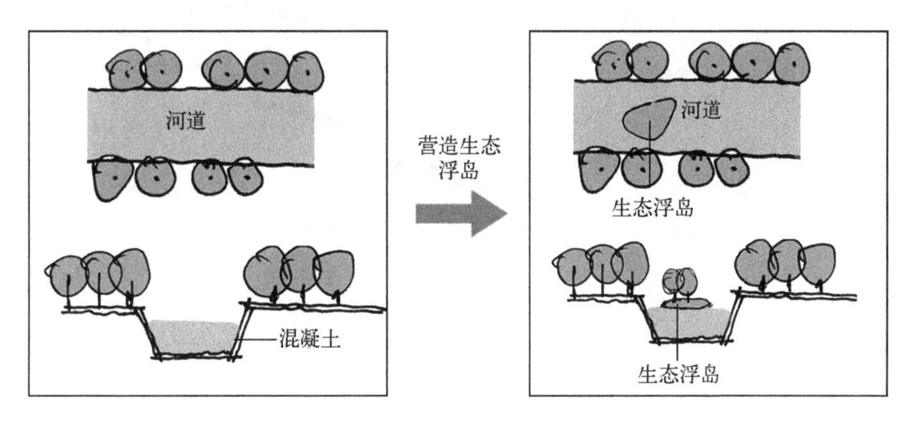

图 5－18　营造生态浮岛

生态浮岛可以提升宽度有限的城市河流的植物多样性，是滨水开放空间植物多样性恢复的一种重要技术。浮岛在水中能为水生植物提供良好的、不受外界干扰的栖息环境。目前这项技术的使用率并不高，主要原因是后期难以管理以及建造成本高昂，但技术本身已经相对成熟，在成本降低的情况下会有一定的应用前景，目前也已在少量的项目中得到实践。

芝加哥滨河步道由于地处城市中心区，其驳岸类型基本以硬质驳岸为主，可进行植物种植的面积十分有限。因此，在芝加哥河的改造中为了增加植物的种植面积，设计者采用生态浮岛的形式，在其中种植了大量的挺水植物和沉水植物，既丰富滨河的植物类型，也可为鱼类等水生动物提供食物和栖息地（见图 5－19）。

5.2.3.2　多层次空间种植策略

植物群落最直观的垂直结构就是它的植物层次性，层次丰富的植物

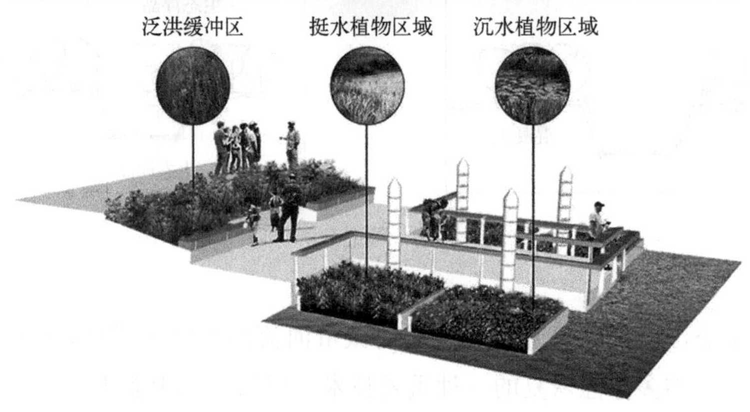

图 5－19　芝加哥河的生态浮岛
（图片来源：Sasaki Associates）

群落意味着群落结构的复杂性，而群落的复杂性意味植物的多样性和稳定性，也说明植物对环境的利用愈加充分。因此，城市滨河型绿道的植物种植不能照搬城市绿道的模式，应该充分利用水岸在垂直空间上的结构优势，进行植物的分层配置，这样将有利于滨河型绿道植物多样性。

在植物选择时，应该首先明确的是植物对水分的需求有明显的区别。例如有些陆生植物的耐水湿能力很强，而有些则极不耐水湿，水生植物对水分的需求也不相同，从河岸到河道中呈现出明显的区域化分布（见图 5－20）。例如稻、菰等沼生和湿生植物适宜生长在 20～30 cm的浅水中，而浮萍、凤眼莲等挺水和浮水植物适宜生长在 30～

100 cm 的深水中(柳骅 等,2003)。因此,在城市滨河型绿道的植物群落垂直空间配置中,应该在了解水岸垂直结构类型和水位情况的基础上,根据植物的生态学特性,选用适宜的乡土性陆生植物和水生植物,提出相应的种植策略,营造层次丰富的植物群落(江晓薇,2012)。

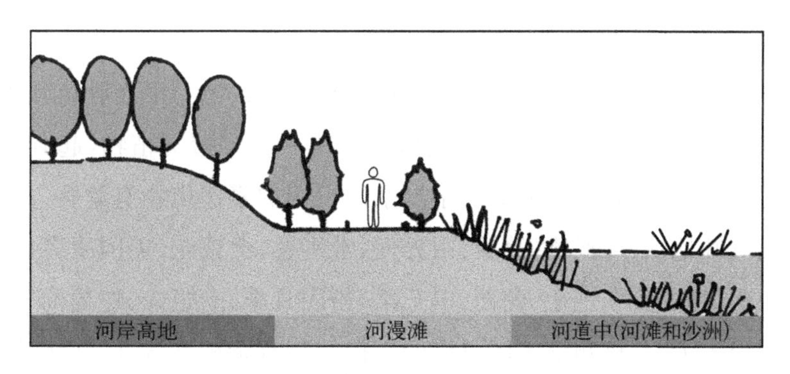

图 5-20　滨河型绿道垂直结构图

1. 河岸高地

河岸高地位于设计洪水位以上,由于距离河道较远,被水淹没的可能性很小,因此其土壤中的含水量相对较低,植物选择应以中生植物群落为主,选择耐水温、耐旱性的植物,如樟树、合欢、黑松等。树种应以当地能自然形成片林景观的树种为主,注意保留场地原有的乡土植被,在适地适树的基础上注重增加植物群落的多样性。种植方式上应尽量采用自然式种植。新增植物应尽量模仿自然生态群落的结构特征,组成结构稳定、郁闭度高的林地,进而成长为滨河绿道重要的风景林。

2. 河漫滩

河漫滩位于常水位至设计洪水位,滨水步道常设置在其中。由于此区域具有透景和交通功能,所以应该以具有一定通透性的半开敞空间为主。上部植物以能短时间耐水淹的中小型乔木、灌木为主,下部靠近常水位线处以耐水淹的湿生植物和挺水植物为主。物种间应生态位互补,垂直方向上形成层次,根系深浅相错落。另外,水生植物也能起到围合空间的作用。群植或者片植高大的挺水植物,可以形成较为封闭的空间；采取三五成群的种植方式，可以形成比较开敞的空间。

在种植水生植物时，尽量采取自然式种植的方式。首先，保证植物材料为近自然状态，避免人工修剪和造型；其次，植物种植方式也应是近自然式的，尽可能模仿自然状态下的河流植物群落特征，通过合理的植物物种配置和种植密度，实现植物物种间的共生和群落的健康稳定（韩玉玲 等，2009）。

如果驳岸是硬质的，而且无法进行改造，可以考虑平面种植和垂直种植相结合的方式。通过在硬质驳岸种植一些攀援类植物，起到丰富植物群落结构的效果。例如北京滨水区可用的攀援植物有紫藤、木香、地锦、五叶地锦、猕猴桃、葛藤、山荞麦、常春藤、金银花、美国凌霄、三叶木通、南蛇藤、胶东卫矛、葡萄、白玉棠、粉团月季、七姐妹、蛇葡萄、扶芳藤、深山木天蓼，杭州滨水区可用的攀援植物有杂种铁线莲、铁线莲、薜荔、野蔷薇、木香、紫藤、多花紫藤、常春油麻藤、扶芳藤、小叶扶芳藤、雀梅藤、南蛇藤、地锦、五叶地锦、木通、三叶木通、常春藤、中华常春藤、络石、云南黄馨、探春、凌霄、美国凌霄、忍冬、盘叶忍冬（徐晓蕾，2007）。韩国清溪川复兴改造工程就采取了水平种植和垂直种植相结合的方式，在硬质驳岸上种植了大量的攀藤植物，既起到软化河道驳岸的效果，又丰富了绿道的植物多样性（见图 5－21）。

图 5－21　清溪川驳岸的垂直种植
（图片来源：www.you.big5.ctrip.com）

3. 河道中

这个区域位于常水位以下，生长的植物类型主要是漂浮植物、浮叶植物和沉水植物。漂浮植物和浮叶植物一般采用片植和群植的方式，同时为了限制槐叶萍、凤眼莲等漂浮植物和睡莲等浮叶植物的生长范围，应构建物理性防护带，避免这些植物过度生长，导致沉水植物的生长受到抑制。沉水植物是生长在深水区的水生植物群落，可以为水生动物提供食物来源，而且可以有效抑制浮游藻类的繁殖。

4. 河滩和沙洲

在满足行洪需求的情况下，河滩和沙洲上的植物应尽量以乔、灌、草相结合的群落为主。选择的植物需要有发达的根系结构，具备长期耐水淹、抗水流冲刷等特点。但为了避免影响河道的行洪功能，植物应以灌木和草本为主。表 5－3 列举了常见的可种植于河岸高地、河漫滩、河道中、河滩和沙洲的植物种类。

表 5－3　常见的耐水湿植物类型

植物类型	植　物　名　称
有一定耐水湿能力的植物	水杉、夹竹桃、侧柏、龙柏、紫薇、枸杞、迎春、樟树、黄杨、合欢、南天竹、冬青、黑松、无患子、皂荚、紫荆、朴树等
较耐水湿的植物	池杉、河柳、落羽杉、龙爪槐、枫杨、榔榆、桑、杜梨、白蜡、柽柳、紫穗槐、棕榈、水松、榉树、重阳木、丝棉木、乌桕、西府海棠、悬铃木等
挺水植物	菖蒲、美人蕉、野慈姑、再力花、黑三棱、泽泻、茭白、千屈菜、水生鸢尾、旱伞草、芦苇、芒草、香蒲、水葱等
浮叶和漂浮植物	睡莲、菱、荇菜、凤眼莲、芡实、萍逢草、满江红、莼菜、槐叶萍等
沉水植物	金鱼藻、狐尾藻、苦草、伊乐藻、黑藻等

5.2.3.3　基于生态功能的植物选择策略

滨河绿道的植物除了具有景观功能外，其生态方面的功能也应该受到重视，如植物对河流水质有净化作用，植物可以有效地保持水土，等。

1. 水质净化功能的植物选择

植物的水质净化功能主要是利用植物吸收地表污染物和水中溶解质，吸收、富集和降解酚类、重金属、农药等污染物，同时充分利用有机养分以防止水体的富营养化。水生植物可以利用光合作用释放氧气来增加水体的溶解氧含量，从而改善水质；可以通过分解、转化或富集作用去除水中的污染物，降解水中的有毒物质；还可以吸收水体中重金属离子，不仅净化了水质，还能对一些重金属进行回收利用。一般来说，根系不发达的水生植物对重金属物质的吸收积累能力弱于根系发达的水生植物，挺水植物最弱，浮叶、漂浮植物其次，沉水植物最强，而对重金属物质的忍耐能力则是沉水植物最弱，浮叶、漂浮植物其次，挺水植物最强。以水生植物凤眼莲为例，其具有很好的吸收金、银、锌等重金属物质的能力，同时能将镉、酚等有毒物质分解为无毒物质。根据相关实验测定，1 kg 凤眼莲在 24 h 内可以从污水中吸附锰 4 g、磷 17 g、钙 27 g、钠 34 g、酚 2.1 g、汞 89 g、铝 104 g。目前国内外研究比较多的净水植物还有浮萍、水葱、水花生、菖蒲、宽叶香蒲、芦苇等。表 5 - 4 列出了常见的具有水质净化功能的植物。

表 5 - 4　常见的具有水质净化功能的植物

净化污染物类型	植物名称
净化重金属离子	香蒲、荷花、黑三棱、水竹芋、黑藻、菹草、凤眼莲、美人蕉、猫尾草、紫萍、大薸、芦苇、满江红、槐叶苹、凤眼莲、狐尾藻、灯心草等
净化富营养化水体	水生美人蕉、慈姑、美人蕉、荷花、水芋、姜花、泽泻、水鳖、石菖蒲、水芹、水葱、香蒲、眼子菜、千屈菜、伊乐藻、苦草、黑藻、菹草、金鱼藻、狐尾藻、大茨藻、菱、茭白、睡莲、芦苇、灯心草、紫萍、凤眼莲、槐叶萍、水葱、黄花水龙、莼菜、旱伞草等

宁波生态走廊项目将原先不适宜居住的工业棕地改造成了具有水质净化功能的“活体过滤器”，改善了当地的生态环境。该项目改造了目前缺乏系统规划的无出口运河，将其几乎还原成低地河漫滩的原始状态。建设时，选用了当地大量具有水质净化能力的植物，并利用雨水花园、生态洼地等景观设施创建了植物过滤系统，来净化从周围建筑收集起来的雨水。该项目还通过与湿地专家合作，研发由自由水体表层和河岸湿地构成的特定地域系统，以对目标污染物起到移除作用；通过与水质学家合作，使用的主动和被动充气方法，能促进地下水流穿过植物根系，从而去除污染物(见图 5-22)。

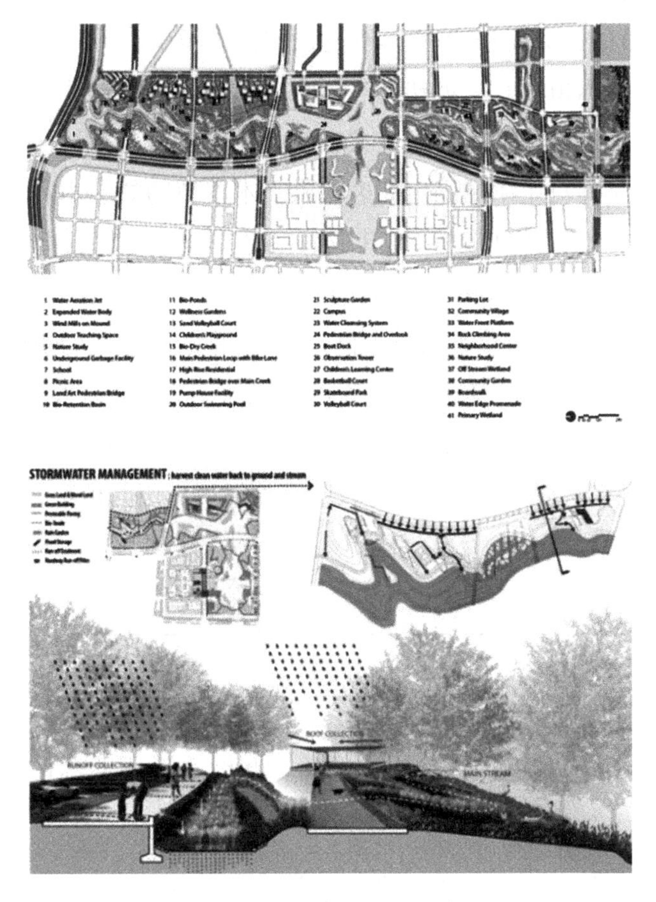

图 5-22　宁波生态走廊
(图片来源：www.asla.org)

此外，还应该加强对水生植物的管理，如凤眼莲、水花生等植物生长力极强，蔓延扩展速度快，必须加强管理并合理利用，否则会适得其反。一些水生植物(如菖蒲)净化能力较强，但其凋落物的降解会造成地表水的次生污染，因此还要加强对水生植物凋落物的及时清理，避免对水体造成二次污染。

2. 水土保持功能的植物选择

滨河绿道在进行植物选择时应注重植物的水土保持功能：其一，植物之间相互交织的根系可以很好地固定土壤，增强土壤的稳固性；其二，植物可以对表层土进行覆盖，起到保护的作用，并能降低雨滴对地面的冲击力和地表径流的速度，减少雨水对土壤的溅蚀；其三，植物可以提高土壤的孔隙度和渗透性，促进雨水向土壤中渗透。

例如，草本植物是岸坡初期进行水土保持的很好选择，其优点是生长速度快，能在其他植物未成熟之前迅速覆盖地表，有助于表面土层的形成，缺点是其对土壤的固定能力有限。木本植物如灌木和乔木，相对于草本植物，生长速度较慢，但其成熟后是岸坡水土保持的理想植物，木本植物的根系能很好地固定周围的土壤，且会随着树龄的增长，其固定能力越来越强。与草本植物相比，木本植物的固坡能力更强，稳定性更好，不易发生滑落。在条件允许的情况下，应该采取乔木、灌木、草本、藤本和水生植物组合的方式，这样能够更好地发挥植物水土保持的功能，表 5 - 5 列举了常见的具有较强水土保持作用的植物。

表 5 - 5　常见的具有较强水土保持作用的植物

植物种类	植　物　名　称
乔　木	枫杨、山杜英、侧柏、木莲、合欢、柳杉、落羽杉、七叶树、雪松、鸡爪槭、法国梧桐、构树、杉木、重阳木、臭椿、马尾松、含笑、无患子、香樟、银杏、女贞、乌桕、木荷、广玉兰、桧柏、垂柳、金钱松、池杉、鹅掌楸、水杉等
灌　木	紫穗槐、山茶花、紫薇、多花木兰、胡枝子、木芙蓉、乌柳、夹竹桃、十大功劳、木槿、海桐球、迎春花、黄荆、荆条、沙棘、文冠果、黑穗醋栗、黄刺玫、杨柴、黄连木、山杏、檵木等

续 表

植物种类	植　物　名　称
草　本	紫花苜蓿、狗牙根、百喜草、茭茭草、高羊茅、马尼拉草、马蹄金、黑麦草、粗茎早熟禾、香根草、串叶松香草、葎草、草木樨、沙打旺、黄兰沙梗草、牧场草、美丽鹧鸪豆、多年生香豌豆、白三叶等
藤本植物	爬山虎、络石、五叶地锦、常春藤、牵牛、野葡萄、紫藤、地枇杷、扶芳藤、葛藤、凌霄、海金沙、薜荔、常春油麻藤、金银花、爆竹花、蟛蜞菊、五爪金龙、猫爪藤、大花老鸦嘴、宝巾等
水生植物	千屈菜、芦苇、睡莲、水葱、凤眼莲、再力花、荇菜、黄菖蒲、水鳖、梭鱼草、田字萍、花叶芦竹、黑藻、金鱼藻、眼子菜、苦草、狐尾藻、斑叶芒、花叶芒、细叶芒、蒲苇、矮蒲苇、玉带草、狼尾草、泽泻、花叶鱼腥草、旱伞草、落新妇、堇菜、玉簪等

5.2.3.4　维持生物多样性策略

山林型绿道主要维持陆生动物的生物多样性，而滨河型绿道对于依水而居的动物具有极其重要的意义，能为它们提供栖息地（见图 5－23）。有学者研究表明，在一些河流分水岭区域，70％的脊椎动物将其栖息地选择在河岸植被缓冲带。佛蒙特州的森林资源调查结果表明，距河岸 150～170 m 的缓冲带范围内，栖息着大约 90％的鸟类。

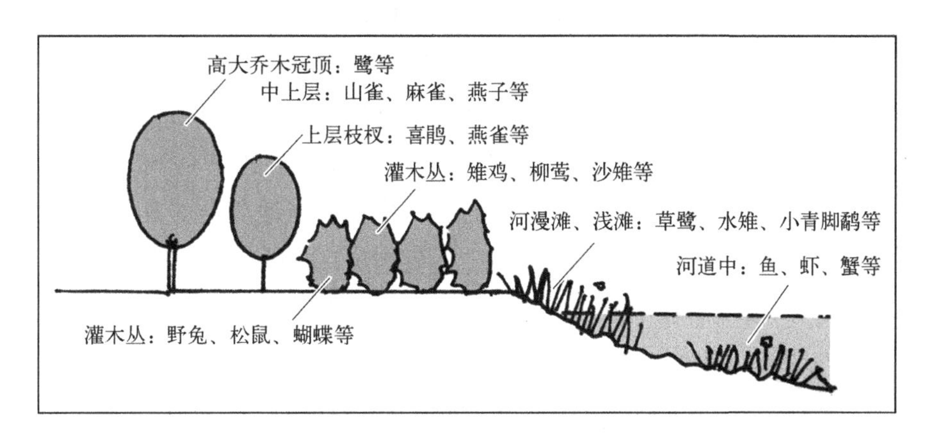

图 5－23　动物栖息地分布示意图

滨河绿道中动物按种类可分为鱼类、小型哺乳类、鸟类、两栖类、爬行类及昆虫类等。城市水域鱼类多为淡水鱼，如草鱼、罗非鱼、鲤鱼、鲫鱼等；底栖动物有虾、蟹、螺、蚌等；鸟类常见的主要有游禽、涉禽、攀禽、陆禽和鸣禽，如大雁、海鸥、白鹤、丹顶鹤、麻雀等；两栖爬行类有蛙类、蟾蜍、大鲵、龟等；昆虫类有蜻蜓、蜜蜂、蝴蝶等；小型哺乳类有兔子、松鼠等。

1. 动物生境的植物种植

1）陆生动物生境的植物种植

为陆生动物打造生境的植物种植类似于山林型绿道，通过创造林地、灌木丛、低洼地等多种类型的生境和多层次、不同树龄的植物群落吸引野生动物栖息。在此不再赘述。

2）水生动物生境的植物种植

通过种植多样性的水生植物，为鱼类、底栖动物以及两栖类等水生动物提供躲避、休眠、栖息、繁衍的场所。例如种植矮慈姑、青萍、慈姑、苦草等植物为鱼类提供栖息地；种植芦苇、雨久花、灯芯草、水芹、紫萍、石龙芮形成大面积的湿地、草地，为水栖昆虫和两栖类动物提供栖息地；在滨河浅滩种植水草，形成湿地性草地，为昆虫幼虫提供栖息地；等。

3）鸟类生境的植物种植

在水边生活的鸟类主要包括游禽、涉禽和部分近水栖类的陆禽、鸣禽、攀禽等。不同种群的鸟类对于栖息地的需求也不相同，如游禽喜欢在远离人类干扰的孤岛或水边的高草丛中觅食、筑巢和繁殖，涉禽喜欢在高大乔木，如水杉、香樟上筑巢，陆禽、攀禽、鸣禽 3 种鸟类主要栖息于森林、草场等环境中，但也有部分近水栖类如陆禽中的雉科，攀禽中的翠鸟科等，喜欢栖息在水边的阔叶林带和灌木丛中（范俊芳 等，2007）。因此，滨河型绿道在选择植物时，应根据当地鸟类的具体种类，种植鸟类喜欢栖息的植物类型，营造适宜当地鸟类的栖息环境。

例如，清溪川在部分河段营造了适宜生物栖息的环境，共建造了 4 个生态岸丘，面积约 17 000 m^2，栽种垂柳、水葱、野蔷薇、光三棱等鸟类喜食的植物，为鸟类提供食源及栖息地。该项目还设置了 10 个柳树沼泽地，面积共 3 500 m^2，种植了大量的柳树，并放置了树枝、巨石等元素，以营造适宜鸟类、两栖类、鱼类生活的栖息地（见图 5-24）。

江苏省无锡市的长广溪生态廊道总长度 10 km，占地约 260 万 m^2。设计目标是恢复长广溪的自然生态面貌，并恢复其生物多样性。该项目将原来的岸线从 1.1 km 增加到 3.3 km，有助于营造多样的栖息地类型，同时利用乡土性植物对可能的栖息地进行恢复，恢复了包括灌丛、林地、泥滩、草滩高草、湿地和低草湿地等类型的栖息地。项目建设完成后，有关人员发现这些栖息地吸引了小型哺乳类、爬行类、两栖类、鸟类等多种动物类型（见图 5-25）①。

图 5-24　清溪川生物栖息环境
（图片来源：www.you.big5.ctrip.com）

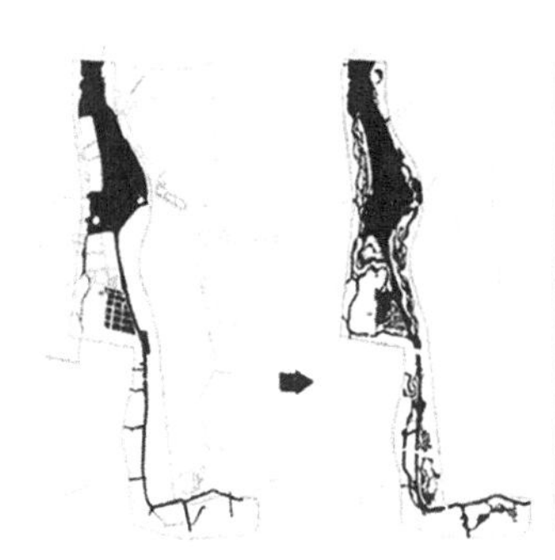

图 5-25　长广溪生态廊道
（图片来源：北京多义景观规划设计事务所）

① 资料来源：http://www.dylandscape.com/.

2. 植物为动物提供食物

1）可作为水生动物食源的植物类型

从挺水植物、浮叶植物、漂浮植物和沉水植物中选择底栖动物和鱼类可以食用的植物类型，如金鱼藻、水芋、慈姑、睡莲、芦苇、香蒲等水生植物，并将这些植物与其他水生植物搭配在一起种植。如此既构建了具有多样性、稳定性的水生植物群落，又保证了完善的动物食物链结构。

2）可作为鸟类食源的植物类型

大多数鸟类喜食肉质的核果、梨果、仁果、浆果等果实，少数鸟类喜食肉质球果、干燥球果、干燥翅果、蒴果等果实。例如鸣禽喜食核果、浆果、仁果类的植物果实，也会食用一些植物的种子，如棕榈、南天竹、火棘、枸骨、珊瑚树、胡颓子、桑树、构树、楝树等，而游禽喜食一些植物的种子和水生植物。因此，在植物选择时，应根据鸟类喜食的植物类型，既要多种植一些肉质类且挂果时间长的树种，也要种植一些水生植物和种子可以供鸟类食用的植物。此外，要注意不同植物的挂果时间，做到植物物种的合理搭配，尽量满足鸟类一年四季的食用需求。

3）可作为昆虫类食源的植物类型

水边草地上多栖息着蝶类等大量的昆虫类动物。刺槐、荆条、丁香属、蔷薇科等蜜源类植物能够吸引蜜蜂、蝴蝶等昆虫，可选种在岸边。蝴蝶作为滨水昆虫类动物的典型代表，是重要的生态指示物种，在生态环境中扮演着重要的角色。因此，所研究的滨河型绿道的昆虫类食源植物主要以蝴蝶类的食源为主。蜜源植物是蝴蝶的主要食物来源，蜜源植物主要包括乔木、灌木、一二年生草本和多年生草本植物，如刺槐、合欢、蜡梅等。表5-6为常见的动物喜食的植物类型。

表5-6 常见的动物喜食的植物类型

取食动物	植物名称
水生动物（底栖动物、鱼类）	黑藻、金鱼藻、狐尾藻、满江红、水鳖、菱、莼菜、菹草、苦草、空心莲子草、水芋、再力花、慈姑、睡莲、芦苇、荻、芦竹、菰、芒、白茅、丁香蓼、香蒲、槐叶萍、格菱等

续 表

取食动物	植 物 名 称
鸟类喜食的植物	千屈菜、石蒜、香蒲、水葱、花叶万年青、慈姑、蒲苇、萱草、菱、茭白、莼菜、海芋、苦草、金鱼藻、泽泻、荷花、萍蓬、荸荠、草莓、覆盆子、火棘、杨梅、樱桃、柿树、石榴、桑树、无花果、枇杷、枸杞、胡颓子、女贞南天竹、枸骨、珊瑚树、构树、楝树等
蝴蝶等昆虫类	大叶醉鱼草、刺槐、荆条、丁香属、蔷薇科、柑橘、枇杷、女贞、杨梅、石楠、乌桕、国槐、枣、合欢、石榴、山楂、黄杨、火棘、大叶黄杨、枸杞、桑树、臭椿、盐肤木、蜡梅、六道木、泡桐、紫椴、蔷薇、满山红、山茶、含笑、绣线菊、小腊、柿树等

注：作者根据谢华辉等人(2006)和江晓薇(2012)的相关资料整理。

5.2.4 范例解析

5.2.4.1 斯坦福弥尔河公园

位于美国康涅狄格州斯坦福市的弥尔河公园曾经是被人为开挖的污染严重的河岸地区。杂物堆放、淤泥堆积大大增加了市区洪水的风险。为了降低这一风险，美军陆军工程部和斯坦福市执行了一项景观工程：移除两侧的混凝土堤坝，让弥尔河自17世纪以来第一次得以自由地流淌，在恢复沿河栖息地的同时，实现了区块的整体复兴(见图5-26)。

图5-26 弥尔河改造前后对比
(图片来源：www.asla.org)

近 100 年来，斯坦福市一直梦想在市区打造一座中央公园，并沿着历史悠久的弥尔河河岸建设一条绿色的廊道。在联邦政府、州政府、市政府联手的财政支持下，景观设计团队同工程师和生态学家密切合作，为该地区制订总体规划，并对一座 28 英亩（1 英亩＝4 046.86 m^2）的公园和一条 3 英里（1 英里 ＝ 1.61 km）长的绿道进行景观设计（见图 5－27）。景观设计团队同陆军工程部紧密合作，负责该区域总体规划的设计和实施。这一规划将持续性地促进栖息地的自我完善，经过近十年的时间重新连接起城市与自然。

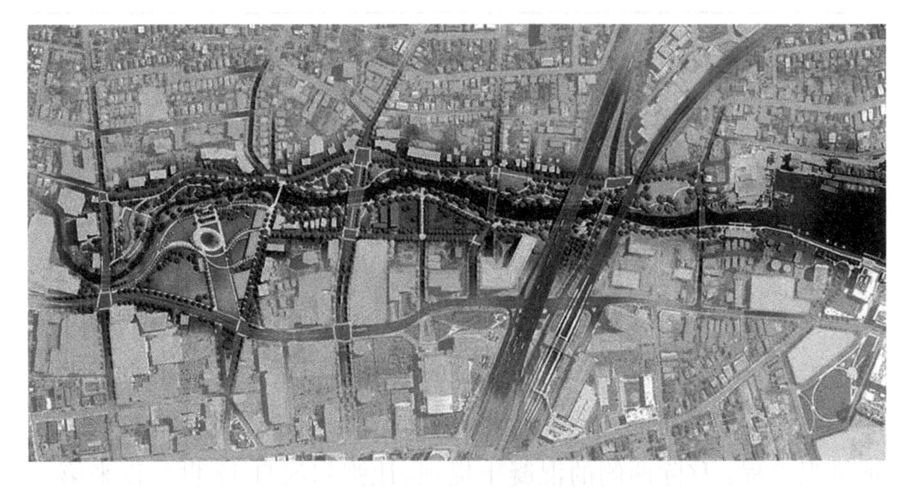

图 5－27　弥尔河规划图
（图片来源：www.asla.org）

1. 生境的恢复

弥尔河绿色廊道总体规划的生态组成要素之一是增加该地区的生物多样性，即通过移除大坝引入多样化的栖息物种，为原生的野生动物群体提供支持。设计师与生态学家紧密合作，通过塑造河滩、集水区和蜿蜒的河道来模拟自然的河流形态。原生树木、灌木、草本植物构成稳定的植物群落，被用以固定河岸土壤，同时为野生动物提供觅食、栖息和筑巢的场所。被重新引入的洪泛区在城市的中心衍生出重要的盐沼栖息地，为从盐水迁徙到淡水中溯河产卵的鱼类提供前往集水区的通道。360 年来，1 200 条河鲱鱼第一次回到这里产卵。潮水交换效应为陆地和水域带来惊人的生物多样性。得益于多样化的河岸形态和河水深度的设计，其他物种得以在此栖息。

2. 植物种植

种植的第一阶段移栽了超过 400 株原生乔木和灌木。原生野花和草类的种子也散播在潮湿区、半潮湿区和城市高地三个不同的区域。播种后的春天，强烈的暴风雨冲走了一部分种子，但绝大多数种子就地生了根、发了芽。更重要的是，新洪泛区的效果跟设计预想的一样，对小路和河岸没有损害和侵蚀。同年第二次播种下的五颜六色的野花的种子让种植设计的效果更加丰富。野花、草类、灌木和树木的组合为陆居物种创造出全新的栖息环境(见图 5－28)。

图 5－28　弥尔河的植物种植
(图片来源：www.asla.org)

3. 景观要素设计

设计师在设计景观元素时首先要尊重基地的历史，其次要选择经久耐用的元素。长凳和大块的回收来的卵石，沿着小路和观景平台布置，为访客提供了就座休息的场所。地面铺装材料具有很好的抗洪水腐蚀性能。设计师保留了历史悠久的石墙，并将从建筑工地中挖掘出来的石头放置在景观之中，用以昭示当地的历史和地理特质。作为公园与市区相连接的典例，美洲香槐列队组成的林荫大道从城市的入口延续进来，通向为举办大型活动和沿河娱乐项目提供开放性空间的大草坪和观景平台。此外，设计团队还考虑到当地社区民众对樱桃树的喜爱，尽可能地将原有树木保留下来，并在施工期间倍加看护，之后将所有的老樱桃树和新树一起，移植到通往大草坪和观景平台的小路旁。

4. 公众参与

当地社区也积极融入公园的维护中，经过培训的志愿者在除去偶尔出现的入侵物种方面给予了很大的帮助。学生团体在这里获得原生植物的知识，并加深了对植被看护工作的理解。公园的访客将他们拍摄到的野生动物，如水獭和在地面筑巢的鸟类的照片上传到弥尔河公共网站上。这些野生动物出现在与市中心如此接近的地区是非常罕见的。从这些图片中，可以辨认出超过 50 个独立的植物物种，它们在此扎根生长，为野生动物提供食物和栖息地。

自公园开放使用以来，社区居民常年到访弥尔河公园和绿廊，带来了几百个项目，也带来了志愿者。水路的清理和重新设计减少了污染和杂物堆放，更改变了人们之前随意抛扔垃圾的习惯。当地居民持续的清理工作让公园自然的美感得以维持(见图 5－29)。

图 5－29　公众参与植物后期维护

(图片来源：www.asla.org)

5.2.4.2　新加坡碧山宏茂桥公园

早在 20 世纪 60 年代，新加坡也和大多数快速城市化的其他城市一样，在经济高速发展的背景下面临着人口迅速膨胀、洪涝灾害、环境污染等一系列问题。为了解决洪涝灾害的问题，碧山宏茂桥公园内的河流几乎都被硬质化处理。而现在，这些当初建造的硬质化的河道，在枯水季暴露出混凝土的河床，影响了市容。而且因为硬质化的河岸无法种植植物，放眼望去只有河岸高地的草坪中散布着几棵乔木，沿河区域植物多样性严重缺乏。显然，这条硬质化的城市运河已经无法满足现代城市的生态需求和景观功能(见图5-30)。

图5-30　改造前后对比
(图片来源：www.asla.org)

1. 景观改造的目标

2006年新加坡提出了"活跃、美丽、干净"水源计划(ABC Waters)，碧山宏茂桥公园项目是该计划的一部分。项目计划将公园内这条长2.7 km的渠化河道还原为自然河流的形态，在恢复其生态功能的同时，

图 5-31 碧山宏茂桥公园
(图片来源: www.asla.org)

为周围社区的居民提供休闲娱乐的场所(见图 5-31)。

项目改造主要有以下几个目标:① 利用植物净化功能和土壤过滤等生态方法去除水中的污染物,净化河流水质;② 将硬质混凝土河道进行改造,尽可能将其恢复成自然河流的形态,在恢复其生态功能的同时,为当地的动植物提供栖息地,保护该地区的生物多样性;③ 利用场地的植物和基础设施,建立一整套完善的雨洪控制系统,以防止洪涝灾害的发生,并将收集的雨水作为公园的景观用水。

2. 景观生态再生设计

1) 生态驳岸处理

将原来较陡的硬质驳岸改造成较平缓的自然驳岸,河道的宽度由原来最宽处的 24 m 增加到 100 m,提高了河流的泄洪能力,也为植物生长提供了更适宜的空间。拆除之前的混凝土驳岸,以全新的生态驳岸的方法进行处理,具体采用石笼-灌木层插的方法,将拆除下来的块石和混凝土块进行重新利用,装进金属石笼中用来加固河岸(可以抵御洪水对河岸的冲刷)。在石笼的缝隙中扦插活体植物,能够在前期迅速形成绿化效果,为后面其他植物的生长提供良好的基础。生态驳岸的使用不仅重新恢复了河流自然蜿蜒的形态,而且降低了公园的建设成本,具有更好的生态效益(见图 5-32)。

2) 植物多样性设计

针对现有场地植物种类和数量不足、缺乏多样性的现状,将公园的滨水区域作为植物多样性设计的重点。改造中选用了大量的乡土性耐水湿植物,乡土植物既能适应当地的气候条件,恢复河道的自然景观,又能体现地域特色。同时,重点在滨河区域恢复了湿地植物群落和滨水植物群落,提高了公园植物群落类型的多样性和复杂性。复杂多样

图 5－32　驳岸改造效果
（图片来源：www.asla.org）

的植物群落既能丰富整个公园的植物多样性，增加生态系统的稳定性，又可以为动物提供天然的栖息地。根据公园建成后的监测结果，有关人员共发现了 59 种鸟类和 22 种蜻蜓，为公园生态多样性的实现打下了基础（见图 5－33）。

图 5－33　公园的生物多样性
（图片来源：www.asla.org）

3）雨水循环利用与处理

碧山宏茂桥公园的雨水处理主要分为三个步骤：首先，将公园内和公园周围地区的雨水进行收集，汇集到专门的雨水处理区域，这个区域利用地形的高差变化，设计了一系列的小型处理池，可以将悬浮的物质进行沉淀处理；然后，沉淀过的雨水会流入经过特殊土壤保护层处理过的人工湿地中，利用湿地中种植的水生植物进一步净化和过滤水中的污染物；最后，经过净化的水体会流经园内的沼泽林地进行二次净化和过滤，净化完成后的雨水会汇入河流中。

碧山宏茂桥公园的成功之处在于，在城市中将曾经渠化的河流改造成自然河流，恢复了场地生物多样性和生态功能，也为周围的居民提供了亲近自然的休闲娱乐场所。

5.3 绿地型绿道植物多样性研究

5.3.1 绿地型绿道概况

5.3.1.1 绿地型绿道的定义

城市绿地型绿道是指主要经过和连接城市公园、历史名园、植物园等绿地，景观效果良好、绿化率高的绿道类型。例如综合性公园、带状公园、植物园、历史名园、风景名胜公园等都是潜在的城市绿地型用地。

5.3.1.2 绿地型绿道的特点

1. 便达性

城市绿地型绿道主要连接综合公园、社区公园、专类公园等城市公共绿地，这些类型的绿地在城市中分布面积广，辐射范围大，具有良好的便达性，而且绿道本身的线性特征使其与城市之间有较大的接触面积。通过将这些公共绿地进行连接，更增加了绿道的服务半径和辐射范围，市民能够在较短的时间内进入住区周边的绿道，进行晨练、散步或者骑车等休闲娱乐活动。

2. 使用频率高

正是绿地型绿道的便达性，促进了周围居民更多地使用绿道，而且通常情况下这些公共绿地的环境质量好、功能类型多样、配套服务设施完善，本身就能够吸引市民经常使用。因此，城市绿地型绿道与其他类型绿道相比，相对使用频率会更高。

3. 空间模糊性强

城市绿地型绿道由于其带状的形态较易开辟和保留，容易沿滨河、道路、城区中那些闲置出来很难进行房屋开发的地块或是旧屋拆迁等转化而来的零散土地“见缝插针”地建设。因此，绿地型绿道可以很好地与周边建筑和其他角落空间有机地结合，融入城市景观中。通过与城市之间的相互渗透、相互融合，绿道的边界与城市的界限也趋向模糊，进而绿道能与城市形成一个有机的空间整体。

5.3.2 绿地型绿道的植物多样性问题

5.3.2.1 植物种类过于园林化

由于一些外来物种具有见效快、成本低、园林造景效果好等优势，绿地型绿道的设计者在植物物种选择过程中，有时会忽视植物的地域性特征和区系划分，过分强调植物的观赏功能，片面追求新、奇、特、异的景观效果，轻视甚至摒弃乡土性植物，反而依赖于引进外来物种。这种情况在北方城市的绿道建设中显得尤为突出。一些北方城市在建设绿道时，其设计者常常不考虑物种能否适应当地的气候、地质水文、土壤肥力等条件，大量引进南方常绿乔木、灌木和草本地被，造成植物生长状况不佳和后期养护管理成本高昂的局面。

绿地型绿道与其他类型绿道相比，在城市中的面积占比较高、分布广泛，是体现城市地域特色的主要途径。而乡土植物作为当地固有的植物种类，是表达地域特色和地域文化的重要自然元素。摒弃乡土植物意味着使植物地域特色丧失，这也是各地绿道建设完成后“似曾相识”的重要原因。另外，外来物种对当地气候环境、生长环境的适应性不如当地植物，易出现抗性差，成活率低，后期管护成本提高等问题。而且引进的外来物种可能会出现生长难以控制，大面积爆发的情况，会对本地的生态系统造成巨大的影响，影响本地植物群落的稳定。

5.3.2.2 植物群落结构过于人工化

绿地型绿道建设中常常摒弃生态设计原则，以园林化的方式处理植物群落配置，把植物作为园林设计中的要素来使用，而不是将其作为自然的元素，置于真正的自然环境中。而园林化的种植方式带来的结果是植物群落结构的人工化痕迹过重，植物采取分块或分区的方式种植，不同类型的植物在空间上明显隔离，不像自然生长的植物群落那样搭配，阻碍了物种之间的物质流动和能量交换，影响植物群落结构的稳定性和多样性，导致其生态功能无法正常发挥。在青岛李沧区绿道建设中，植物种植采取“布景式”的方式，设计者将植物作为景观小品元素来使用，将冬青、小叶黄杨等灌木修剪成整齐的条带或者规则的球型，导致植物群落结构人工痕迹严重(见图 5－34)。

5.3.2.3 保健植物使用不足

目前在进行绿道植物选择时，主要考虑的是植物的遮阴功能和观赏功能，如选择一些枝叶茂盛的高大乔木，或者选择花期长、花色鲜艳

图 5－34 青岛李沧区绿道植物结构人工化
(图片来源：www.qd.lanfw.com)

的观赏性植物，而对保健植物的应用较少。研究表明，具有保健功能的园林植物种类大约有200种，可见保健植物的种类还是十分丰富的。目前，保健植物主要应用于医疗花园和康复花园中，如瑞典丹得瑞医疗花园、约翰霍普金斯医院的康复花园等，但是在城市绿地中保健植物的应用还远远不够。绿地型绿道是城市中人们休闲游憩的主要场所，建议增加保健植物的种类和数量，在发挥植物遮阴和观赏功能的同时，发挥它们的杀菌抑菌、缓解精神疲劳的功效。

5.3.3 绿地型绿道植物多样性恢复策略

5.3.3.1 乡土植物选择策略

根据生态适应性理论，物种的生态学特征决定了其生长发育需要满足一定的条件，既有利于植物的生长，也有利于植物发挥其生态服务功能。乡土植物又称为本土植物，是自然生态系统在生境、生态位以及群落长期自然演替过程中形成的植物群体。它是最适合于当地环境的物种群体，这种适宜性源于长期的自然选择和物种竞争过程。它对当地光照、土壤、水分适应能力强，易于粗放管理，在生态建设中表现出明显的优势，有助于形成具有地方特色的景观。而且乡土植物可以吸引更多的动物栖息，保护动物多样性（章梦启，2013）。例如，本地生的英国橡树能支持423种昆虫的生存，桦树能支持334种，柳树能支持450种，千金榆和槭树能支持51种，而外来树种如七叶树仅能支持9种昆虫生存，甜板栗能支持11种。美国梧桐上发现的昆虫种类数仅为一些本土树种的10%（迈克尔·哈夫，2012）。

因此，建设绿地型绿道时的植物选择应优先选择乡土物种，重视乡土植物的培育，避免为了片面追求植物的观赏效果，大量引进外来物种，造成本地物种的消失，导致生态环境的退化。应该在保留场地原有自生植物的基础上，调查曾经在场地上生长过的植物种类，并对其进行恢复，或者选择已经在城市其他园林绿地中成功应用的乡土植物种类，又或者可以参考同一纬度、同一植物区系的其他地区的植物类型，从中筛选出适合的物种进行应用。

例如，纽约高线公园在植物选择上保留了场地原有的20多种自生植物，除去了对其他植物有侵略性的物种，并从纽约其他的开放公园里，精心挑选包括多年生植物、草类植物、灌木、乔木在内的210种浅根的乡土植物树种，其中有许多植物都曾经在这里生长过，从而营建出具有浓郁地方特色的植物景观（见图5-35），而且后期维护简单，大大节省了维护成本（李涛，2011）。

厦门铁路文化公园的改造，保留了场地中现有的榕树等高大乔木植物，以及爬山虎、蟛棋菊等特色植物，并在此基础上新栽植了香樟、夹竹桃和厦门市市花三角梅等乡土性植物，丰富了公园中植物群落的结构和层次，形成稳定性相对较好、郁闭度高的植物群落，体现了厦门的地域特色（李昱敏，2015）（见图5-36）。

图5-35　纽约高线公园的乡土植物种植
（图片来源：www.field operations.net）

图5-36　乡土植物体现地域景观特色
（图片来源：www.xm.bendibao.com）

5.3.3.2　近自然化群落构建策略

从生态学的角度来看，传统园林式的植物种植方式过于人工化，表面上虽也进行了“乔、灌、草”搭配，但形成的植物群落是不稳定且缺乏多样性的，而自然状态下的植物群落大多数是多种植物混合组成的，不同种类的植物间没有明显的边界，群落在水平和垂直方向上的层次非常丰富，能够建立自我维持的动态系统。自然环境中的植物群落对气候、土壤、水文条件都有特殊的要求，群落的结构也十分复杂，在城市环境中想要完全实现自然群落是几乎不可能的，但是，其结构和自然演替规律可以用来指导绿地型绿道的植物种植。因此，通过模拟自然状态下植物群落的组成、结构、密度和搭配，采取近自然化的种植方式，形成立体、复合、多层次的群落，有利于实现植物多样性。

1. 近自然化的种植方式的两种主要方法

方法一：100%种植先锋树种，在植被郁闭后种植顶级群落树种。

(1) 初期阶段。以速生、喜阳性的先锋树种为主，混合种植白杨、刺槐、柳树等。采取不规律或者成行种植的办法，种植间隙可以比较小，以尽快形成郁闭，植物间隔为 1～1.5 m，按株行距 3 m 左右配置。先锋树种的种植可以迅速完成植物覆盖，改善土壤排水系统，并为更多的后期树种营造适宜的小气候环境。

(2) 中期阶段。在植物郁闭形成后，适当间伐并间植寿命较长的植物，使其逐渐替代先锋植物，为植物群落演替创造条件。

(3) 后期阶段。慢生、耐荫树种成为长期生长的植物。

方法二：同时栽种速生树种和顶级群落的慢生树种。

(1) 初期阶段。同时种植先锋树种和顶级树种，营造近自然的复合式混交异龄植物群落。在群落上层将高 2～3 m 的速生先锋树种，如紫穗槐、刺槐、柳树等，按照 3 m 左右的株行距进行配置。速生树种的落叶在腐烂后能够为土壤提供养分，而且可以为下层的顶级树种遮阴。在群落下层按每平方米 2～3 株的密度，将高 50～80 cm 的顶级树种进行混合密植。混合密植的优点是促进了环境对苗木的自然选择过程，而且在植物生长初期，混合密植下的幼苗生长环境也会更接近自然状态。

(2) 中期阶段。当下层的顶级树种生长发育到一定阶段形成规模后(达良俊 等，2004)，可在适当间伐后间植寿命较长的植物，为植物群落演替创造条件(王云才 等，2009)。

(3) 后期阶段。维持林地的持续演替过程，同时在林地底层种植地被植物，形成发育成熟的顶级林地(见图 5-37)。

方法	年数	过程	评价
方法一 100%种植先锋种，在植被郁闭后种植顶级群落树种	1年	 不规则或成行的混合种植先锋树种，如白杨、白松、杨树等	先锋树种混合种植。植物种植的间隙可以较小，以尽快形成郁闭，植物间隔 1～1.5 m，株行距 3 m。
	3～5年	 植物郁闭后减少先锋树种	植物郁闭较为缓慢，疏伐需要较晚进行
		 种植过度的顶级树种，如枫杨、桦木、椴木、铁杉等	混合种植并根据场地类型做出相应变化
方法二 同时种植先锋树种和顶级树种	1年	 不规则或成行种植先锋树种，如杨树、白杨、白松等。种植过渡的或顶级的树种，如红枫、桦木、椴木、铁杉等	植物间隔与方法一相同
	3年	 植被郁闭后，减少先锋树种的竞争，但应保留一定的郁闭度	

图 5-37　森林化种植模式的两种方法
(图片来源：作者根据《城市与自然过程——迈向可持续性的基础》改绘)

2. 近自然化植物群落的平面和立面形式

近自然化植物群落的平面形式不应是规则的矩阵形式，而应该模仿自然群落的曲线形式，曲线的林缘能够发挥“边缘效应”，有利于形成植物多样性。通常采用先矩阵、后补充的方式，可自然布置 3 株、5 株丛植(见图 5-38)。注意任意 3 株不要形成一条直线,以达到自然林效果(姚中华 等,2006)。

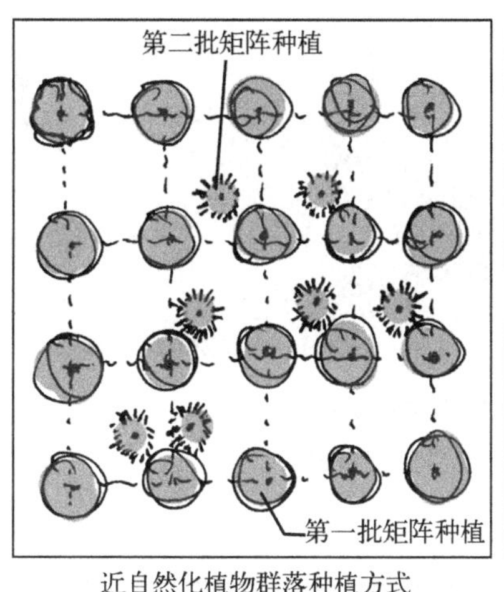

近自然化植物群落种植方式

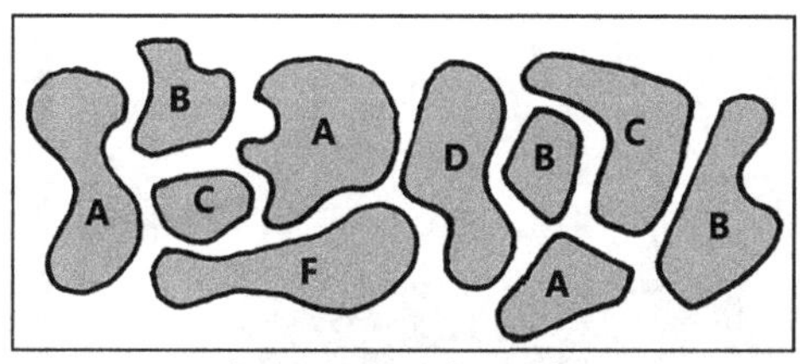

近自然化植物群落平面布局

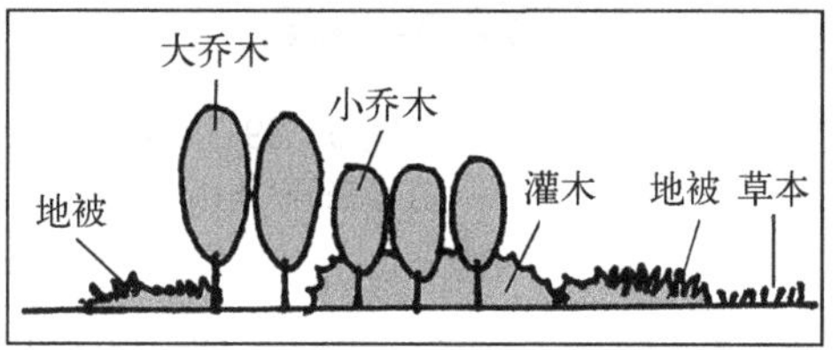

近自然化植物群落立面布局

图 5-38 近自然化植物群落的种植方式

同时,避免单一物种的大面积种植,注重植物种类的多样化。单一物种会降低植物群落的丰富度和稳定性,导致群落的抵抗能力差,气候异常或者病虫害都容易造成植物的大面积死亡。尽量保证多种植物的搭配种植,这对于保护植物多样性具有重要意义。例如,对于一块面积在 2 万 m^2 以上的场地而言,通常情况下,场地内的灌木种类至少应该有 15 种,乔木种类至少应该有 20 种,只有达到类似的物种数量,才能满足植物多样化的最低标准。

皮特・奥多夫(Piet Oudolf)为高线公园提供了植物种植方案,他的设计灵感来源于自然。皮特・奥多夫对种植床的设计根据高线公园上小气候环境的变化而变化,采取近自然的种植策略,创造出类似于草甸、灌木、丛林地的景观效果。他以矩阵的形式来设计种植床,以成丛组合种植的禾本科植物作为每段种植床的基础性物种,并搭配种植一些多年生观花植物(见图 5-39)。例如高线公园 18 街至 19 街的种植床设计,选择帚状裂稃草、大须芒草、柳枝稷"山纳多"和酸沼草四种禾本科植物作为优势种进行成丛组合，周边种植具翅千屈菜、紫松果菊和弗吉尼亚腹水草等多年生植物，营造出自然野趣的草地植被景观（白鹤，2015）（见图 5－40）。

图 5－39　高线公园的植物种植效果
（图片来源：http：//www.field operations.net）

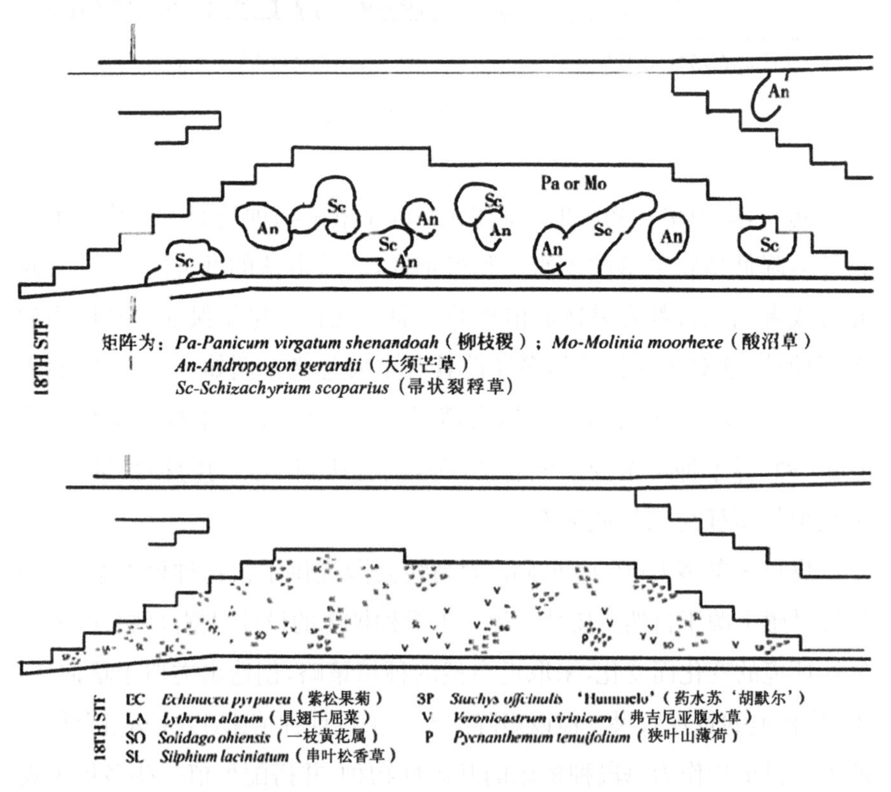

图 5－40　局部平面植物矩阵形式种植图
（图片来源：白鹤、芦建国、冉冰，《自然野趣的植物景观营造：以纽约高线公园为例》，2015 年）

植物群落的立面布局应该考虑各树种的生长速度，采用复层林、短期与长期效果结合互补的模式，尽量模仿自然或者半自然的群落结构，选用不同树龄、不同种类、不同高度的乔木、灌木、草本和地被植物，形成结构丰富的复合异龄植物群落。根据群落中不同高度的光照、温度、湿度条件，在每个层次种植适当的植物，可使其立面效果尽可能接近乡土性植物群落。

3. 城市森林建设的宫胁法

日本生态学家宫胁昭（Akira Miyawaki）教授提出了建设城市近自然林的方法，该方法也被称为宫胁法，现在已经应用于日本诸多城市和中国上海等地的城市森林建设中，并取得了不错的效果。因此，城市绿地型绿道的建设也可以借鉴这种方法，实现城市绿地型绿道的近自然化种植。

宫胁法的主要优点有以下几方面：① 重视乡土植物的使用，传统造林的植物种类以速生、针叶、外来种类为主，而宫胁法的建群种和优势种以乡土植物为主；② 成林时间短，一般情况下正常森林的自然演替需要 100～500 年的时间，而宫胁法通常只需要 20～50 年的时间，大大缩短了演替周期；③ 管理方便，宫胁法形成的森林不需要长期的人工管理和维护，一般只需在种植后的 1～3 年内进行适当管理，之后群落就能进行自然生长演替（见图 5-41）。

泰国曼谷地铁—森林项目（The Metro-Forest Project）就是基于宫胁法，采用森林化种植模式，营造了多样的森林生态系统的实践案例，可以为绿地型绿道植物多样性营建提供借鉴。该场地曾经是用来非法填埋垃圾的废弃地，2012 年初，PTT 造林研究所委托景观设计师对场地进行森林生态修复。设计师选用了曾经在曼谷大量种植过的多种乡土植物，种植初期，在场地总面积 75％的土地上，选择了 279 种（约 60 000 棵）植物，采取每平方米 4 棵或者以 50 cm 为间距的高密度种植方式对整个场地进行森林覆盖，并根据植物的生长速度和耐水湿能力，在场地上对植物进行布局，创造出多层次的植物群落。设计师认为没有过度人工干预的管理才是最佳的管理模式。植物种植初期以自我演

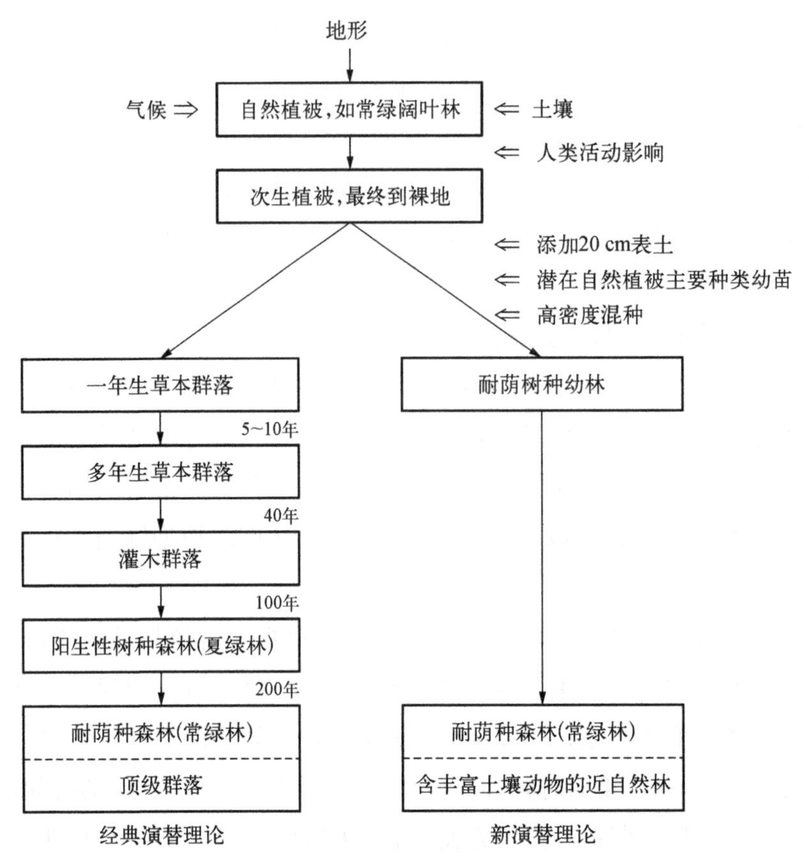

图 5－41　自然演替过程与宫胁法植被恢复的比较
（图片来源：胡静 等，2003）

替为主，设计团队则实时监控植物的覆盖度、湿度和营养水平等情况。随着森林植物群落的成熟，设计团队则又建立预测模型来保证森林的可持续性发展，并适当控制林冠层植物的最佳密度，保证下层树苗生长既能够获得足够的水分，又能减少地表径流。同时为了减少人类对森林演替过程的干扰，通过人行天桥和观光塔的方式，满足人们的游览需求（见图5－42）。

5.3.3.3　保健植物选择策略

保健植物是指自身含有抗病毒的化学物质和抗生素，对人类的身

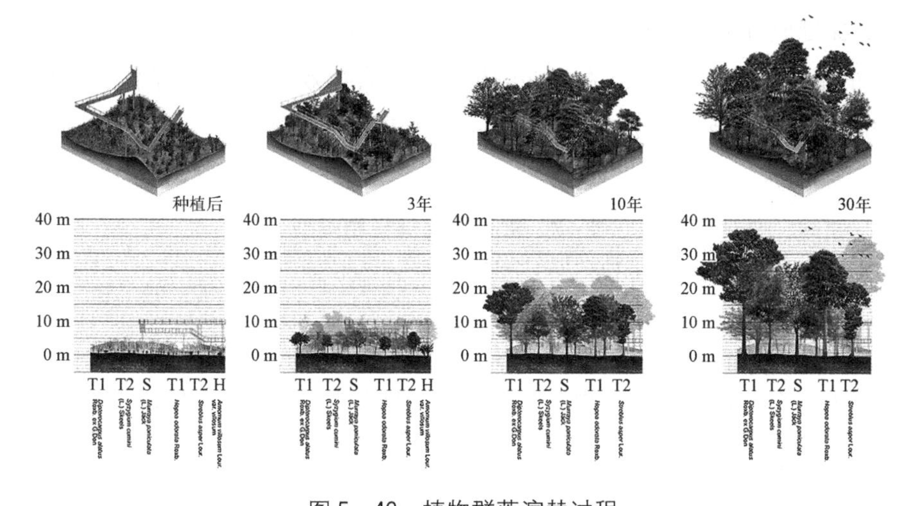

图 5－42　植物群落演替过程

（图片来源：https：//www.asla.org/2016awards/172029.html）

心健康起到一定保护作用的植物类型（易文芳 等，2009）。保健植物主要依靠其释放出的保健物质发挥功能，保健物质通过皮肤毛孔或呼吸系统进入人体，能在一定程度上缓解和治疗疾病。例如桉树的分泌物能驱蝇杀蚊，杀死结核杆菌、流感病毒、痢疾杆菌和肺炎球菌等多种病毒和细菌，景天科植物含有能够杀死流感病毒的汁液，松树、柏树等植物可以释放含抗病毒作用的气体。根据植物释放保健物质的医疗功效，可以将保健植物分为杀菌抑菌类、调节神经类、理疗治病类三大类。

杀菌抑菌类植物所释放出来的气体能够杀死空气中的真菌、细菌等，而且植物的叶片表面可以有效吸附空气中的灰尘，减少细菌滋生的场所，常见的有常青藤、秋海棠、松柏类植物等；调节神经类植物所释放出的保健气体具有缓解疲劳，消除精神紧张，促进睡眠，调节大脑神经和心理等功效，常见的有白兰花、绿萝、含笑等；理疗治病类植物释放出的保健成分被人体吸收后，具有促进心血管系统循环、人体新陈代谢等功效，常见的有广玉兰、佛手柑、肉桂等。

在城市绿地型绿道种植植物时，除了选择一些具有遮阴、观赏功能的植物外，还应多选择一些具有保健功能的植物，使市民在绿道游憩的同时，还能获得一定的保健理疗效果。由于不同的保健植物的作用机理不同，保健成分也不相同，因此进行群落植物配置时，宜将具有不同保健功效的植物进行合理搭配，发挥保健植物的综合疗效。表5-7是作者整理的一些常见的保健类植物，可为绿地型绿道的植物选择提供参考。

表5-7 常见的保健植物类型

植物功能	作用机理	常见植物
杀菌抑菌类	该类植物释放出的有效成分主要包括乙酸、乙醇酸、乙酰丙酸、丙烯酸、桉醚、水杨酸、水杨酸脂、水杨醇、α-蒎烯、间羟基苯甲酸、樟脑烯醛等。一方面该类植物的叶面能够有效地吸附空气中的灰尘，使细菌失去滋生的场所；另一方面该类植物所释放的气体本身具有杀死细菌、真菌的能力，能起到类似消炎的作用	常青藤、秋海棠、松柏类植物、丁香、柠檬、天竺葵，香樟、银杏、含笑、桂花、合欢、柳杉、柏木、侧柏、楠木、枫香、蓝桉、盐肤木、荷花、紫茉莉、铃兰等
调节神经类	该类植物释放出的有效成分主要包括愈创烯、月桂烯、α-石竹烯、芳樟醇、石竹烯、水芹烯等。这些保健气体具有清新空气，加快人体血液循环，调节心理和大脑神经等功效，表现为提神醒脑，消除疲劳，促进睡眠，有助于消除神经紧张和视觉疲劳，使人体处于放松状态	梅花、白兰花、绿萝、水仙、含笑、紫薇、檜子、玫瑰、罗勒、天竺葵、羽叶薰衣草、九里香、柑橘、香樟、云南樟、黄樟、山胡椒、天竺葵、洋薄荷、洋甘菊、络石、迷迭香、莺尾、木姜子、马尾松、雪松等
理疗保健类	该类植物释放出的有效成分主要包括水杨酸、旅烯、贝壳杉烯等。这类物质被人体吸收后，易扩散到身体各部位，促进心血管系统的循环，具有类似心血管保健药物的作用。该类植物还能释放大量有益的负离子，能促进人体的新陈代谢	菊花、金银花、白兰、圆柏、银杏、蜡梅、桂花、牡丹、木香花、广玉兰、佛手柑、肉桂、胡椒木、月见草、花椒、紫玉兰、白玉兰等

注：作者根据易文芳等人在2009年的相关资料总结。

5.3.4 范例解析

5.3.4.1 纽约高线公园

“高线”始建于19世纪30年代，原是一段高架货运专用铁路，至

1980年彻底废弃，后来非营利性组织"高线之友"提出将"高线"变成公园的设想。2009年6月，高线公园第一段经过重新设计后开放，成为城市中一条生物多样性丰富的"空中绿道"，之后分别在2011年6月和2014年9月完成第二段和第三段建设并对市民开放。现在它已成为纽约市的一个标志性景点（见图5-43）。

图5-43　高线公园改造前后对比
（图片来源：www.field operations.net）

1. 以乡土植物为主的植物选择

高线公园的植物设计理念与传统公园有所不同，经查该工程的荷兰植物景观设计师皮特·奥多夫试图对原生生态环境进行模仿和重现。经调查，高线上生长着分属于48科122属的160多种植物，且大多是美国本土的野生植物。因此，设计者尊重自然的演替和选择，没有选用其他常用的植物类型，而是保留了废弃铁路中自然生长的大部分野花野草（见图5-44）。这些长期生长在高线贫瘠土壤中的植物具有良好的耐寒和抗旱御风能力，形成的植物群落具备很好的稳定性和生态适应性，并在长期的自然演替中与周围的昆虫、鸟等动物共同形成了新的生态平衡，具有重要的生态价值和丰富自然的美学效果，这是人工种植所难以达到的（章梦启，2013）。

植物选择的原则主要包括以下几点。

1）选择乡土植物

场地上生长着大量的美国乡土植物，皮特·奥多夫保留了大部分

图 5-44　高线公园自然生长的植物
（图片来源：www.google.com）

原有的乡土野生植物，如粗糙飞蓬、帚状裂稃草、皱叶泽兰、月见草、丽色画眉草、一枝黄花、胡萝卜、狭叶庭菖蒲等，在此基础上又选择了一些观赏价值高的美国乡土植物搭配其中，如北美冬青、北美金缕梅、西洋杜鹃、美洲南蛇藤、白花紫菀、美洲檫木、芙蓉葵等乡土植物。

2）选择抗寒、耐旱植物

由于纽约冬季寒冷、夏季炎热干燥，气候条件相对恶劣，因此高线公园的设计者在植物选择时，刻意选择了一些抗寒性和耐旱性较强的植物，如药水苏、灰毛紫穗槐、阔叶补血草、垂穗草、柔毛月见草、斯克绵毛紫苑、柳枝稷等。

3）选择耐瘠薄的浅根性植物

由于高线铁路本身结构的限制，高线公园的覆土厚度只有约 38 cm，非常浅薄，因此需要选择耐瘠薄的浅根性植物，如百合科的深紫葱、高莛韭、地中海绵枣儿，蔷薇科的弗吉尼亚蔷薇、粉绿叶蔷薇、平滑唐棣，木兰科的星花木兰、三瓣木兰，禾本科的杰氏须芒草、野青茅、细茎针茅等草本植物，以及菊科的紫菀"鞑靼"、金鸡菊"满月"、紫松果菊，杜鹃花科的佳露果等木本植物。

4）选择适生的非原生植物

在最大限度保留高线上自然生长的原生植物的基础上，还从当地野生植物中筛选出一些适应性强、耐寒性强的非原生多年生草本、灌木和乔木植物，如双花番红花、海州常山、日本胡枝子、雪滴花、日本地榆等非原生的适生植物(白鹤，2015)(见图5-45)。

图5-45　高线公园的植物多样性

2. 近自然化群落种植策略

皮特·奥多夫为高线公园提供的植物种植方案，重点在于近自然的种植策略，营造出具有自然野趣的植被景观。此外，皮特·奥多夫还采用了一种称为“帷幕和窗帘”的种植形式，即使用一些植物(如阔叶补血草等花穗小而密，且集生于花轴分枝顶端的草本植物)充当背景以填补植物间的空白，采用这种植物间虚实结合的种植方式，创造出一种帷幕的效果。例如26街至29街之间的植物种植，用泽兰等菊科植物充当背景，前面则种植紫松果菊等低矮花卉，深浅不一的紫色营造出神秘的氛围。

3. 尊重植物群落的自然演替过程

设计中强调了时间对于生态系统的重要性。由于生态系统各元素之间相互作用的复杂性是长期积累演化形成的，单个元素随着时间的推移不断影响着周围环境，因此在初期的植物种植完成后，应该引入时间的概念，依赖于植物群落自身的演替机制，尊重群落的自然演替过程，使场地的生态多样性和群落稳定性随着时间的变化逐渐加强。图5-46描绘了高线公园随着时间变化，其植物群落稳定性与生物多样性之间的变化规律。可以看出随着年数的增加，公园呈现出复杂有序的生物进程(李涛,2011)。

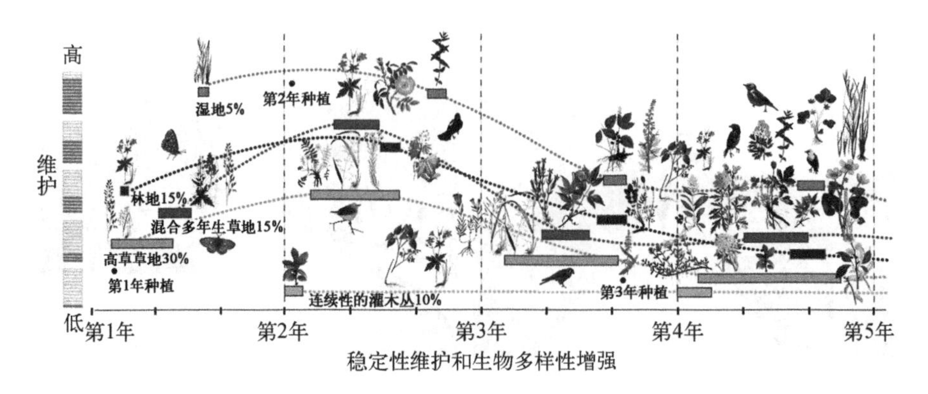

图5-46　生物多样性随时间变化表
(图片来源:www.field operations.net)

4. 植物生境的保护

高线公园中将游人活动区与植物种植区分开。游人活动区以混凝土和木质铺装为主,将模块化的混凝土结构嵌入草地,混凝土中间的缝隙可以供植物生长。植物种植区为了维持高线的原生生境特征,特意保留了碎石路基、枕木和部分铁轨。此外,为了保护原生植物的野生生境不被破坏,为野生植物营造理想的庇护所,公园禁止游客进入植物种植区内,不允许游客在沙石或者铁轨上行走,也不允许游客携带宠物进入公园(见图5-47)。

图5-47　保护植物生境

5.3.4.2 波士顿“翡翠项链”绿道

波士顿“翡翠项链”绿道是城市绿地型绿道的典型案例。

“翡翠项链”的绿道建设体现了尊重自然原始风貌，营造多样性生境类型的设计理念。绿道包括林地、林下草地、滨河绿地、灌木丛、沼泽地、湖泊等多种类型的生境，可以为更多种类的植物创造适宜的生长环境。波士顿公地和公共花园都为原来的公共活动场地，后来逐渐被改造成城市公园，包括大面积的林地、草坪。奥姆斯特德将其曾经的街心绿地——麻省林荫道进行扩建和延伸，改造成连接公共花园和滨河绿带的纽带；通过对查尔斯河的河道进行改造，形成了一段景色优美的滨河景观，也将波士顿公园绿道与查尔斯河连接起来；在保留盐水沼泽生境的基础上，将原先洪水容易泛滥、污浊不堪的沼泽地进行改善水质、清理河道等近自然化处理，形成后湾沼泽地公园；对现有堵塞、污染的河道进行疏通和净化，在河道上游形成了一系列的小型水塘，种植各种乔木和灌木，并在沿岸设置了露天运动场、游戏场、露天音乐台等设施，通过河道改造营建了河道景区和奥姆斯特德公园（又称浑河改造工程）；保护了浑河上游水质良好的天然湖泊——牙买加湖，并以牙买加湖为主体，建设了面积约 50 万 m^2 的牙买加公园；将自然保护区阿诺德植物园纳入绿道中，并在 1883—1887 年间种植了 12 万株乔木和灌木。富兰克林公园的设计目的是创造一个规模巨大、朴素宁静、享用乡野多树景色的地方，富兰克林公园是奥姆斯特德为波士顿设计的最大的一个公园（田丽萍，2014）（见图 5-48）。将这些不同类型的生境连接起来形成的绿道，为植物创造了多样的生长环境，促进了整体的植物多样性。

后湾沼泽地原是波士顿城市扩张所形成的一条污水河，奥姆斯特德希望通过还原这一地区的潮汐沼泽地来吸纳洪水、净化水质。奥姆斯特德希望设计尊重自然的原始面貌，极力反对工程师提出的将沼泽地改造成传统蓄水池的想法，提倡保留原有的咸水沼泽生境，营造出与周围公园不一样的生境类型。在洪泛滩地的生态恢复中，沿河岸两侧

图 5-48 多样性的生境类型
(a) 波士顿公地 (b) 马省林荫道 (c) 牙买加公园 (d) 阿诺德植物园

种植了约10万棵耐盐碱、耐水湿的灌木类、攀援类植物和各种花卉植物，从而恢复了沼泽地整体的自然演进过程。后湾沼泽地公园尽可能地保留了原有的咸水沼泽生境，并融合了草坪、林中草地、灌木丛、混交林等多种自然生境。同时，场地中不多的建筑建造，为生境扩展留出足够的空间，从而营造出城市咸水沼泽生境（王敏，2014）（见图 5-49）。

图 5-49 后湾沼泽地植物种植

5.4 道路型绿道植物多样性研究

5.4.1 道路型绿道概况

城市道路型绿道是指依托城市道路的慢行系统，具有良好的景观效果的绿道类型。道路型绿道具有以下三大特点：

第一，大尺度性。

城市道路型绿道是沿城市道路而设置的，由于城市道路贯穿于城市中，在空间上具有尺度大的特征。因此，道路型绿道也具有大尺度性，在纵向上能够延伸数千米甚至数十千米，而且随着城市范围的扩大，道路型绿道的大尺度性会愈发明显。

第二，网络状。

城市中的道路在空间上相互连接，组成网络状结构。基于道路这一结构特征，相比于其他绿道类型，道路型绿道在空间上具有更好的连通性，在城市甚至更大的尺度上，能够形成网络状结构。

第三，序列性。

道路的序列性是指车辆在道路上按一定的速度行进时周围景观所表现出来的序列性变化特征。道路型绿道包含两种序列性，一种是步行或者骑车看到的序列性景观，另一种是汽车行进中看到的序列性景观。植物群落搭配要兼顾这两种不同的序列性景观效果，要注意段落之间的衔接与变化。

5.4.2 道路型绿道的植物多样性问题

5.4.2.1 植物的生态功能被忽视

在选择道路型绿道植物时，遮阴和观赏效果是首要的考虑因素，而吸收污染物、减噪、雨洪管理等诸多功能在实际建设中常常被忽视。目前，许多城市道路的植物仍以园林绿化植物为主，对道路特殊环境需求的针对性不强，导致植物的生态功能无法正常发挥。

5.4.2.2 景观组织功能欠缺

实际建设中，道路植物种植对景观空间功能的塑造和划分不明确。例如，大多数城市道路皆是半开敞空间，只通过高大乔木构建上层空间，对下层空间的灌木和草本植物使用不充分。道路型绿道对植物种类的应用非常有限，各城市道路被少数“清一色”的常用树种所垄断，不仅容易造成病虫害的传播和泛滥，而且在景观上缺乏地方特色。

5.4.2.3 交通辅助功能存在问题

部分城市道路的植物选择不能有效起到交通辅助功能。例如，在城市道路的中心岛种植高大的乔木，导致司机的视线被遮挡，不利于行车安全；中央分车带宽度和植物高度不合理，不能防止行人穿越，容易引发交通事故；道路的中央分车带中植物配置不合理，无法有效遮挡相向行驶车辆的眩光；交通标志、交通信号灯、路灯等道路附属设施被高大的乔木遮挡，不利于道路交通安全等。

5.4.3 道路型绿道的植物多样性营建策略

5.4.3.1 基于生态功能的植物选择策略

1. 基于吸收污染物功能的植物选择

城市道路型绿道植物凭借自身生长特性，有吸收汽车尾气、滞留烟尘、释放氧气等作用，可以改善城市的空气质量。因此，选择植物种类时应考虑其吸收污染物的能力。

研究表明，在一定浓度范围内，植物可以将吸收的有害气体转化为自身需要的营养物质，如植物能够将吸收的二氧化硫转化为自身需要的硫酸盐。只要大气中二氧化硫的浓度不超过一定的限度，即植物吸收二氧化硫的速度不超过将其转化成硫酸盐的速度，二氧化硫就不会对植物造成伤害。植物可以说是天然的“空气净化器”。不同植物对大气中污染物的抗性不同,吸收能力也不同。落叶树的吸硫能力最强,常绿阔叶树次之,针叶树的吸硫能力较弱,如 1 万 m^2 的柳杉林每年可吸收 720 kg 的二氧化硫,1 万 m^2 的加杨林每年可吸收 46 kg 的二氧化硫,1 万 m^2 的胡桃林每年可吸收 34 kg 的二氧化硫。表 5-8 反映了沈阳市园林科学研究院对不同树种净吸收二氧化硫的能力的测定结果。

表 5-8 不同植物净吸收二氧化硫的能力测定

树种	叶片对二氧化硫的净吸收量/(mg/g)	栽树株树/(株/万 m^2)	叶干重/(kg/万 m^2)	树叶净吸硫量/(kg/万 m^2)	树枝、干吸硫量/(kg/万 m^2)	吸硫量/[kg/(万 m^2 · a)]	对二氧化硫的抗性
加杨	11.74	500	6 812.07	79.97	26.66	106.63	较强
青杨	8.87	500	3 582.20	31.77	10.59	42.36	较强
榆树	7.90	500	7 477.50	59.07	19.69	78.76	强
桑树	8.54	500	4 712.46	40.24	13.41	53.65	强
旱柳	10.25	500	6 846.48	70.18	23.39	93.57	强
皂荚	9.61	500	4 948.60	47.56	15.85	63.41	强
刺槐	7.44	500	6 340.30	47.17	15.72	62.89	较强
丁香	10.76	1 000	1 302.40	14.01	4.67	18.68	较强
山桃	10.06	500	4 924.70	49.54	16.51	66.05	较强
水曲柳	11.63	500	5 823.90	67.73	22.58	90.31	强

注:1. 表中数据为净吸硫量,即污染区树叶含硫量减去对照区树叶含硫量。
2. 作者根据杨赉丽在 2015 年的相关资料整理。

植物还有吸收和净化空气中其他有害气体的能力,如氟化氢、氯气、二氧化氮、臭氧等。在正常情况下植物叶片中含有一定量的氟化物,一般含量在 0~25 mg/kg(干重)。植物将根部吸收的氟化物运输到叶片的边缘和尖端,大大提高了其吸收氟化物的能力。吸氟能力较强的植物有泡桐、刺槐、大叶黄杨、梧桐等。不同植物对氯气的吸收能力也不相同，表 5-9 反映了北京园林科学研究所对不同植物净化氯气的能力的测定结果。

表 5-9　植物对氯气的净化能力的测定

树种	干叶净吸氯量/(g/kg)	干叶量/(kg/m^2)	叶片净吸氯量/(kg/万 m^2)	枝干净吸氯量/(kg/万 m^2)	树木总吸氯量/(kg/万 m^2)	对氯气的抗性
山桃	14.66	4 924.70	72.20	24.07	96.27	较强
皂荚	13.85	4 948.60	68.54	22.85	91.39	强
水曲柳	4.44	5 828.90	25.86	8.62	34.48	强
旱柳	2.31	6 846.48	15.82	5.27	21.09	强
紫丁香	15.09	1 302.40	19.65	6.55	26.20	较强
银杏	4.97	1 051.35	5.23	1.74	6.97	较强
榆叶梅	11.36	2 234.80	25.38	8.46	33.84	弱
青杨	12.60	3 582.20	45.14	15.05	60.19	较强
红瑞木	1.24	1 302.40	1.61	0.54	2.15	中等

注：作者根据杨赉丽在 2015 年的相关资料整理。

此外，一些植物对汞、铅等重金属以及醛、醚、苯酚、酮等也有很强的吸收能力。植物叶片通过气孔呼吸可将铅等污染物吸滞降解，吸铅量较高的树种有桑树、黄金树、榆树、旱柳、梓树等。栓皮栎、桂香柳、加杨等树种能吸收空气中的醛、酮、醇、醚等。日本学者的相关实验表明，落叶树吸收和分解氮氧化物的能力是常绿树的 2～3 倍。通常情况下，大部分植物能够吸收臭氧，如银杏、柳杉、樟树、海桐、日本女贞、夹竹桃、栎树、刺槐、悬铃木等。表 5-10 是作者根据相关资料整理的不同地区植物吸收污染气体种类的等级表。城市绿道建设也可根据不同地区选择不同的抗污染能力树种。

表 5-10 植物吸污抗污能力一览表

抗污染物	等级		
	一级选用树种	二级选用树种	三级选用树种
抗二氧化硫	女贞、侧柏、圆柏、垂柳、刺槐、白蜡、臭椿、龙柏、旱柳、杜仲、大叶黄杨、紫穗槐、小叶黄杨、泡桐、馒头柳、火炬树、桧柏、枣树、构树	玉兰、金银木、月季、榆叶梅、山桃	毛白杨、白榆、五角枫、木槿、板栗、悬铃木、北京杨、紫薇、白皮松
抗氮氧化物	侧柏、圆柏、刺槐、臭椿、旱柳、紫穗槐、桑树、毛白杨、银杏、栾树、白榆、五角枫	油松	白蜡、加杨、杜仲、泡桐、火炬树、榆叶梅、核桃、北京杨
抗氯气	白蜡、臭椿、龙柏、大叶黄杨、紫穗槐、小叶黄杨、桧柏、桑树、构树、银杏、木槿、枣树	玉兰	旱柳、泡桐、毛白杨、五角枫、板栗、悬铃木、月季
抗氟化氢	侧柏、刺槐、臭椿、旱柳、大叶黄杨、紫穗槐、小叶黄杨、馒头柳、桧柏、构树、毛白杨、银杏、木槿、女贞		大叶黄杨、泡桐、五角枫、栾树、核桃、山桃
抗烟尘	侧柏、圆柏、垂柳、刺槐、白蜡、臭椿、加杨、旱柳、桑树、构树、银杏、木槿、板栗、玉兰、悬铃木		
抗铅等重金属	国槐		

道路型绿道的植物选择应以一级选用树种为主，二级选用树种作为补充，三级选用树种远距离配合。落叶植物的叶片凋落后可再重新生长，因此与常绿植物相比，其对污染物的转化速度更快；同一树种的幼年树与成年树相比，其抗性要差一些（谭家得 等，2005）；阔叶树比针叶树接触污染气体的面积大，吸收污染气体的量更多。因此，种植成年落叶阔叶的抗污树种是有效吸收有害气体的手段。

表 5-11 是北京市常见植物吸收污染物能力的评价表，可以为城

市道路型绿道的植物选择提供参考。

表 5-11　北京市 82 种常见植物吸收污染物能力的评价表

树　种	吸收二氧化碳	降温增湿作用	滞尘作用	杀菌作用	抗二氧化硫	抗氯气
油松	■■	■■	□	■■■	○	●
白皮松	■■	■■■		■■	●	●●●
华山松				■	●●	●●
侧柏				■■	●●	●●
桧柏	■■■	■■■	■■■	■■	●●	●
洒金柏				■■		
雪松	■■	■■			●●	
云杉					●●●	●●●
毛白杨	■■	■	■■	□	●●	●●
枣树					○	●
栾树	■■■	■	■	■■	●●	○
槐树	■■	■■■	■■	■■	●	●
刺槐	■■■	■■■			●●	●
毛泡桐	■■■	■■		■■	●●●	●●
银杏	■	■		■	●●	●●
构树	■■	■■	■■	■	●●	●●
绒毛白蜡	■■	■■■	□	■		
馒头柳				■	●	●
火炬树	■■	■■■			●●	
绦柳	■■	■■■	□	■	●●	●
加杨				□	○	●
榆树				■	●●	●
柿树	■■■	■■■			●	
核桃	■■	■■■		■■■	●	
悬铃木	■■	■		■■	●●	
马褂木	■	■■■			●●	○
臭椿	■■	■■	■	■■	●●	●●
合欢	■■■	■■■			●●	●

续 表

树种	吸收二氧化碳	降温增湿作用	滞尘作用	杀菌作用	抗二氧化硫	抗氯气
元宝枫	■■	■■	■■	■	●●	●●
洋白蜡				□	●	●
杜仲	■			■■	●●●	●●
桑树	■■	■■		■■■	●	●
大叶黄杨	■■	■■		■	●●●	●●●
粗榧					●●●	●●
小叶黄杨	■■	■■	□	■	●●	●●
沙地柏					●●●	●●●
矮紫杉					●●	●●●
碧桃	■■■	■■		■■	●●	●
紫叶李	■■■	■■		■■	●●	
金银木	■■	■■	■	■■	●●	
紫丁香	■■	■■	■■■	■■	●	●
珍珠梅	■■	■■■		■■	●●	●
丰花月季	■■■	■■■	■	■	●●	●●
海州常山	■■	■■		■	●●	
平枝栒子				■	●●	●●
紫荆	■■■	■■	■	■	○	○
西府海棠	■■■	■■		■	●	●
贴梗海棠					●	
金叶女贞	■■	■		■	●●●	●●●
黄刺玫	■■	■■■		■	●●	○
木槿	■■	■■■		■	●	●
北京丁香	■■	■■		■		
蜡梅	■■	■■		■	●●	●●●
玫瑰	■	■■		□	●	●
玉兰	■	■			○	○
太平花	■■	■■		□	●	○
紫薇	■■■	■■■	■■	■	●●	○
锦带花	■	■	■■		●	○
红王子锦带						

续　表

树　种	吸收二氧化碳	降温增湿作用	滞尘作用	杀菌作用	抗二氧化硫	抗氯气
天目琼花	■■	■■	■■		○	●
棣棠	■	■■	■	■■	●●●	
梅花					●	○
紫叶小檗			□		●●	
连翘	■■	■■			●	●●
猥实	■■	■			●●	○
紫叶矮樱						
榆叶梅	■■	■■	■■	□	○	●
鸡麻	■	■■		□	●●	●
迎春	■■	■■■		□	●	
野蔷薇	■■	■■■		□	●●	●
中国地锦	■■	■■		■■	●	●
京八号常春藤						
美国地锦	■■	■■		■■	●●	
扶芳藤					●●●	●●
山荞麦	■■■	■		■		
紫藤	■■	■■■			●●	●●
鸢尾	■■	■■		■		
萱草	■■	■■		□		
早熟禾	■■■	■■				
野牛草	■■	■				
涝峪苔草	■■	■				
麦冬	■	■				

注：1.“■■■”代表植物在改善环境生态效益方面，具有优秀的表现，即吸收环境中的二氧化碳和向环境中释放氧气的能力最强，降低环境温度和增加环境空气湿度的能力最强，叶片滞尘作用最强和组织杀菌力最强；“■■”代表植物改善环境的能力较强；“■”代表植物改善环境的能力中等；“□”代表植物改善环境的能力较弱。

2.“●●●”代表植物在适应环境方面具有优秀的表现，即植物的抗寒性最强、植物的耐荫性最强、抗二氧化硫污染的能力最强和抗氯气污染的能力最强；“●●”代表植物适应环境的能力较强；“●”代表植物适应环境的能力中等；“○”代表植物适应环境的能力较弱。

3. 资料来源：北京海淀三山五园区绿道建设工程设计方案。

2. 基于减噪功能的植物选择

影响减噪效果的因素主要包括植物的种类、树高、群落结构和群落郁闭度等，各种因素不同，带来的减噪效果也不一样。因此，需要对各个因素进行系统分析，总结出植物选择的原则和方法。

对于林带结构与减噪效果的关系，江苏省中国科学院植物研究所的研究表明，高绿篱是减噪效果最好的植物结构；乔、灌、草结合的紧密林带结构的减噪效果，比单一植物组成的林带效果要好；针叶树的减噪效果不如阔叶树；建议市郊的林带宽度最好在 15～30 m 之间，市区的林带宽度最好在 6～15 m 之间；林带的高度应该保持在 10 m 以上。

南京环境保护局对该城市道路绿化的减噪效果进行了调查，当噪声通过由两行桧柏及一行雪松构成的 18 m 宽的林带后，噪声减小了 16 dB，通过 36 m 宽的林带后，减小了 30 dB，比空地上同距离的自然衰减量多减 10～15 dB。对由一行楠木和一行海桐树组成的宽 4 m、高 2.7 m生长良好的绿篱进行测定，通过绿篱后的噪声减小 8.5 dB，比通过同距离空旷草地的噪声多减小 6 dB。据上海石化总厂测定，40 m 宽的珊瑚树林可减弱白天的噪声 28 dB，而同样宽度的悬铃木则减噪效果差，水杉、雪松等分枝低、叶细密的树种减噪效果好（杨赉丽，2015）。

国外一些测定也证明了树木在减噪方面的功能，以及不同种植方式在减噪效果上的差异。日本学者的研究表明，结构良好的 40 m 宽林带可减噪 10～15 dB。其他国家的一些资料也表明，绿化街道比不绿化街道可减噪 8～10 dB。

1）不同植物的减噪功能

通常情况下，树枝分枝低的比分枝高的减噪效果要好；叶片质地厚且面积大、枝叶茂密的树木比叶片薄、枝叶稀疏的树木减噪效果好；阔叶树的减噪效果比针叶树要好。乔木、灌木、草本和地被植物构成的复层结构林带减噪效果比单一结构林带效果要好。所以在做植物群落配置时，上层植物主要以落叶乔木为主，常绿乔木为辅；中层植物应以叶片面积大且厚、分枝低、枝叶茂密的常绿植物为主，如海桐、大叶黄杨、女贞等，中层植物是降低噪声的主体；下层植物选择应根据需保护对象的高度来确定，当需要保护的对象和声源距地面较近时，可以选择种植地被植物，而且尽量选择叶片较大的，如果中层植物已经比较密集，而且需要保护的对象和生源距地面较高时，可以不种植地被植物。表5-12列举了一些常见的减噪效果良好的植物。

表5-12 常见的具有减噪功能的植物类型

植物类型	植物名称
乔木	山胡桃、鹅掌楸、垂柳、杨树、柏木、白榆、臭椿、云杉、水杉、桑树、樟树、雪松、悬铃木、榕树、柳杉、圆柏、楸树、油松、梧桐、栎树、刺槐等
灌木	丁香、大叶黄杨、女贞、珊瑚树、椤木、海桐、桂花等
地被	沙地柏、铺地柏、铺地龙柏、山麦冬、诸葛菜、紫花地丁、早开堇菜等

2）林带的宽度和走向

林带的宽度是减噪效果好坏的直接影响因素之一。上文的研究表明，市郊的林带宽度最好在15～30 m，市区的林带宽度最好在6～15 m，如此能起到比较好的减噪效果。如果林带的宽度能够达到40 m宽，减噪效果会更好。此外，绿带与噪声源之间的角度也会对减噪效果产生影响，当林带的走向与噪声的传播方向垂直时，能有效地提高减噪能力。

3）减噪林带的内部结构

内部结构密集而紧凑的林带比松散的林带减噪效果更好。为了防止植株之间过于松散，植物之间通常采取交叉栽植的形式，形成“品”字形结构，另外还可以在植株之间增加小乔木、灌木等植物，提高林带的密实度，以保证达到减噪的目的。乔木和灌木可以采用混合布置、隔带布置或者隔行布置的方式。在相同植物配置的情况下，宽的林带比窄的林带减噪效果要好，林带应该在条件允许的情况下尽可能宽一些。并且，树木排列整齐、枝条比较发达的林带减噪效果较好（窦维薇，2007）。

在北京三山五园绿道建设中，闵庄路段作为试验段，建造时使用了一些具有生态功能的植物种类，如降温增湿型、减噪型、杀菌型、滞尘型等，并在群落的上层、中层、下层实行了不同的配置模式(见表5-13)。

表5-13　闵庄路段绿道植物配置模式

配置模式类型	配置模式		
	上　层	中　层	下　层
降温增湿型	绒毛白蜡＋桧柏＋国槐＋白皮松	珍珠梅＋山茱萸	
		木槿＋珍珠梅＋山茱萸	早熟禾＋硕葱＋德国景天＋蛇鞭菊＋法色草＋甘野菊
		黄刺玫＋珍珠梅＋山茱萸	
减噪型	七叶树＋桧柏(密植)＋白杆＋青杆	天目琼花＋金银木＋珍珠梅＋山茱萸	早熟禾＋沙地柏＋硕葱＋德国景天＋蛇鞭菊＋法色草＋甘野菊
		欧洲荚蒾＋龙柏球＋小叶黄杨球＋珍珠梅＋山茱萸	
杀菌型	油松＋核桃＋国槐	紫丁香＋珍珠梅＋山茱萸	麦冬＋硕葱＋德国景天＋蛇鞭菊＋法色草＋甘野菊
		碧桃＋珍珠梅＋山茱萸	
滞尘型	国槐＋桧柏＋元宝枫	紫丁香＋珍珠梅＋山茱萸	麦冬＋沙地柏＋硕葱＋德国景天＋蛇鞭菊＋法色草＋甘野菊
		榆叶梅＋珍珠梅＋山茱萸	
		天目琼花＋珍珠梅＋山茱萸	
景观型(新优植物展示型)	金枝白蜡＋“丽红”元宝枫＋白皮松	观赏类海棠＋珍珠梅＋山茱萸	崂峪苔草＋硕葱＋德国景天＋蛇鞭菊＋法色草＋甘野菊

注：本表内容源于北京海淀三山五园区绿道建设工程设计方案。

3. 服务于雨洪管理的植物多样性

植被是雨洪管理系统的关键组成部分。城市雨洪问题的最佳解决方案并不仅仅是庞大的地下蓄水系统，而应该与能缓解地表径流，起到临时蓄水能力的漫滩或者其他蓄水系统相结合。这种方法很大程度上依赖于以植物为基础的系统。植物通过滞蓄、渗透和树叶的蒸腾作用可以减少雨水径流总量，减缓雨水径流速度；可以有效拦截泥沙、营养物质及其污染物，过滤和净化水质；植物群落也可以为动物提供食物和栖息地（见图 5－50）。

图 5－50　雨洪管理中的植物种植
（图片来源：张善峰，2012）

建设雨洪管理基础设施时的植物选择应遵循以下一些基本原则：① 优先选择抗性强、抗污染的植物；② 优先选择乡土性植物；③ 优先选择维护成本低的多年生植物；④ 优先选择水质净化能力强的植物；⑤ 注重不同物种之间的搭配，提高群落的生态价值和观赏价值。例如波特兰市西南 12 号大街是街道雨洪管理比较成功的案例，对于道路型绿道的植物选择具有借鉴意义。该项目在四个雨水种植池中密集地种植了平展灯心草和多花蓝果树等植物，这些当地的乡土性植物具有水质净化能力强、耐湿和耐旱、抗水流冲刷的特点，同时具有较高的观赏价值。

生物滞留设施和植草浅沟是道路雨洪管理基础设施中常见的类型，应根据它们的功能和特点选择适宜的植物类型。例如，生物滞留设施具有雨水净化、滞留等功能，因此植物的选择也应与其功能相结合。其一，应选择净化能力强、根系发达的植物，由此提高生物滞留设施去除雨水污染物的能力；其二，因植物周期性地受到水淹，大部分时间处于干旱状态，故所选植物既要有一定的耐旱能力，又要能在短期内耐水淹(李玲璐 等，2014)。适合种植于生物滞留设施中的植物种类有很多，例如目前城市园林中常用的木本植物和草本花卉植物，一些抗性较强的观赏草也可以应用于生物滞留设施中。

植草浅沟主要是利用土壤和植物对雨水进行拦截、过滤和净化，并且有作为通道收集和输送雨水的功能。植草浅沟的植物选择应符合以下几点：其一，应选择根系比较发达的植物，一方面可以防止水土流失，加固土壤，另一方面可以提高净化污染物的能力；其二，对植物的高度应有所限制，一般控制在 75～150 mm 之间，不应选择过高的植物，从而防止雨水冲刷而造成的倒伏，植物还应具备耐雨水冲刷的能力；其三，应选择茎叶比较粗糙、叶片厚实的植物，增大雨水流经时的阻力，延长径流通过的时间；其四，与生物滞留设施中的植物类似，植物大部分时间处于干旱状态，周期性地受到水淹，故所选植物既要有一定的耐旱能力，又要能在短期内耐水淹。早熟禾、野牛草、结缕草等是常见的应用于植草浅沟中的植物类型。还可以利用不同的植物搭配形成植物群落，植物群落不仅能够更好地发挥净化雨水的功能，还能为动物提供良好的栖息环境。作者总结了常见的应用于植草浅沟和生物滞留设施中的植物类型(见表 5－14)。

表 5－14　植草浅沟和生物滞留设施中常见的植物种类

雨洪管理设施	植　物　名　称
植草浅沟	细叶芒、斑叶芒、萱草、马蔺、黄菖蒲、千屈菜、木槿、柽柳、旱柳、白蜡、花叶蔓长春花、花叶扶芳藤、大花六道木、毛核木、结缕草、野牛草、早熟禾等

雨洪管理设施	植物名称
生物滞留设施	金叶小檗、红叶石楠、黄果火棘、金焰绣线菊、喷雪花、金叶风箱果、伞房决明、加拿大红叶紫荆、美丽胡枝子、花叶扶芳藤、海滨木槿、刚毛柽柳、矮紫薇、蔓生紫薇、重瓣石榴、美国连翘、紫花醉鱼草、花叶蔓长春花、大花六道木、金叶接骨木、欧洲荚蒾、地中海荚蒾、花叶锦带、迷迭香等

由于雨水管理设施类型的不同，其内部的水体深度也可能存在差异，植物的选择应该根据其与雨水的接触量进行考虑。例如平底型雨水管理设施与坡底型雨水管理设施中的水深就不相同：平底型设施的水体深度是一致的，植物应该以湿生植物或水生植物为主，而坡底型设施的水体深度是不一致的，植物与雨水的接触量存在差异，因此在水体较浅的区域应种植中生植物，在水中应种植湿生植物或水生植物（见图 5－51）。

美国休斯敦吉恩 8 号绿色环城公路绿道，是哈里斯郡工程处、哈里斯郡二分区及哈里斯郡防洪管理局合作修建的，旨在为这个生物多样性区域增加蓄洪能力。设计中采用雨水渗透的方法缓解雨水排水口的压力，在生物滞留池和生态草沟中种植大量的原生草原野草、野花及耐水湿植物种类，如朱砂玉兰花、纳氏栎、麦冬、水白桦、墨西

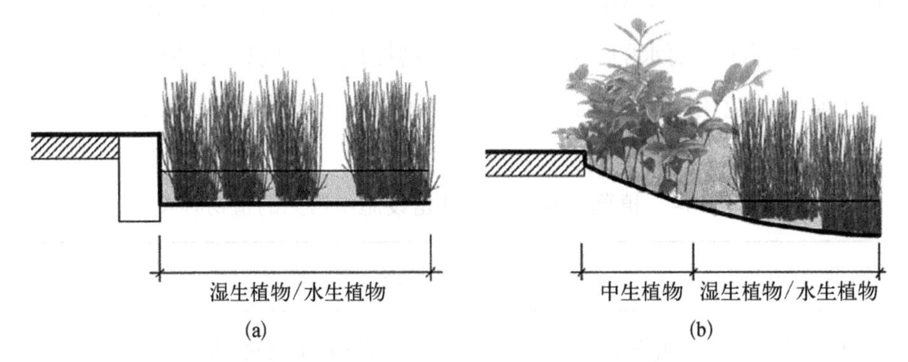

图 5－51 雨水景观设施植物选择示意图
（a）平底型设施植物选择示意图 （b）坡底型设施植物选择示意图
（图片来源：徐吟，2013）

哥柏树、美国水松等，起到了良好的净化、滞留雨水的作用(卢斯等，2016)(见图 5 - 52)。

图 5 - 52　吉恩 8 号绿色环城公路绿道
(图片来源：卢斯 等，2016)

5.4.3.2　满足景观功能的植物选择策略

植物作为道路型绿道景观营造的核心要素之一，其选择应该根据当地的植物区系，合理配置具有地域性特色的植物种类，并妥善设计，营造地方性的道路景观。首先，不少植物的色彩、线条、质地等特征，具有很强的景观观赏价值，如肾蕨柔美婆娑的株形，浓密附生在棕榈植物树干上，可形成造型奇特的景观。其次，植物的季相变化和生命周期变化，可以展现景观的动态变化，如银杏、三角枫、鹅掌楸等树叶会随季节变化的乔木，体现了景观的动态之美。

城市道路型绿道选择乡土植物有助于体现地域景观特色。例如，深圳市深南大道在建设时，选用乡土植物，如糖胶树、大叶榕、人面子、木棉、黄槿、高山榕、樟、蒲葵、小叶榕、红花羊蹄甲等作为骨干树种(李许文 等，2015)，营造了良好的地域性景观特色。

波士顿罗斯·肯尼迪绿道在将地面交通引入地下隧道之后，将地面空间改造为一个由小路、城市广场和植物园组成的“隧道屋顶花园”，建立了树种丰富、结构层次多样的复合型的自然植被群落，营造出四季变化的植物景观。罗斯·肯尼迪绿道的植物种植是其一大特色，在不同的花园中种植了来自多个国家的代表性植物，例如在码头区公园中种植了原产于英格兰的红枫和原产于美国东部的河桦树，在中国城公园内种植了具有中国特色的栾树和竹子，在要塞岬海峡公园内种植了原产于日本的樱花和加拿大的花楸树，在北端公园种植了美国乡土树种榆树。这些特色植物的种植丰富了罗斯·肯尼迪绿道的景观效果（见图 5－53）。

图 5－53　罗斯·肯尼迪绿道植物景观

葡萄牙大道从西班牙马德里市一直延伸到里斯本，樱花是该地区极具特色和象征意义的植物。项目设计时选用樱花这种能够生长于异常贫瘠荒凉的埃斯特雷马杜拉（Estremadura）地区的植物作为主体植物，在葡萄牙大道上种植了大量不同种类的樱花树，以延长樱花短暂的观赏期。同时，将樱花的形象抽象运用到设计中，场地里的花坛和地面铺装都采取樱花的样式，既体现了场地的景观特色，又与当地的文化相融合，取得了良好的效果。葡萄牙大道在建成后成为马德里很受欢迎的公共空间之一（见图 5－54）。

5.4.3.3　基于交通辅助功能的植物选择策略

道路型绿道植物的交通辅助功能主要体现在以下几个方面：

其一，防眩光的功能。眩光的产生原因之一是白天烈日的强光，二

图 5－54　葡萄牙大道的樱花设计
（图片来源：WEST8 设计事务所）

是夜晚道路上相向而行的车辆灯光。在道路两侧种植高大的乔木，如杨树、悬铃木等，可以有效遮挡烈日的强光；在道路的中间分车带合理配置高绿篱，可以有效防止相向行驶车辆的灯光干扰。

其二，缓解视觉疲劳。植物可以改善道路的景观效果，为司机提供良好的视觉环境，避免司机因长期驾驶和道路景观单调引起的视觉疲劳，从而在一定程度上减少交通事故的发生，保护司机的行车安全。

其三，植物可以有效地分隔不同类型的交通流，提示道路边界、预示道路方向、引导视线，保障行车安全。

其四，分车带植物具有缓冲、隔离的功能。在发生交通事故时，车辆由于失控可能会冲向人行道、非机动车道或其他车道，分车带中的植物可以起到缓冲作用，减慢失控车辆的速度，减少事故造成的破坏。同时道路分车带还可以阻止行人随便穿越马路，减少发生交通事故的概率。

基于交通辅助功能的城市道路型绿道的行道树绿带、分车绿带和路侧绿带的植物选择，应以满足其功能性为主要目标，植物布局上可以采取规则式的种植方式，复杂的植物搭配组合反而容易对司机的视线造成干扰。例如采用规则式的“乔木＋灌木”的搭配方式，既可以满足防眩光、分隔交通流的安全需求，又能起到良好的道路绿化、遮阴功能。

1. 行道树绿带植物选择

行道树绿带具有分隔道路空间、引导视线、防眩光等功能，构成了城市道路型绿道的基本空间结构和实用性质。树种选择应遵循以下几项原则：① 植物树冠整齐、株形挺拔、叶片浓密，能起到良好的遮阴效果，且不会对行车安全造成影响；② 植物抗性强，能够抵御和吸收机动车排出的有毒气体，适应道路较差的空气环境；③ 病虫害少，便于后期的维护和管理；④ 植物的枝叶、果、花无异味，避免长距离连续性种植有刺激性气味或有导致人体过敏反应的飘絮的植物；⑤ 植物能够适应当地的气候条件，发芽早、落叶晚，能提供较长时间的交通辅助功能，叶片可以在短时间内全部落光，方便道路清扫；⑥ 植物移栽后易于成活，并能迅速发挥正常功能(王媛媛，2015)。

2. 分车绿带植物选择

分车绿带主要对道路交通流起分隔作用，其植物配置应坚持树形整齐、排列一致、形式简洁的原则。城市慢行道路的分车带可以种植常绿或落叶乔木，并配以绿篱、花灌木等；但城市快速干道的分车带及机动车分车带上不宜种植乔木，应以绿篱、花灌木和宿根花卉为主，因为在车速过快的情况下，成行种植的乔木植物会对司机的视线造成干扰，容易引发交通事故(杨赉丽，2015)。

绿篱是分车绿带最主要的组成部分，因此研究分车绿带的植物选择，主要是研究绿篱的植物选择。绿篱的主要功能是防止眩光、阻止行人穿越道路，并能保证视线通透，其植物选择应遵循以下几个原则：① 防止眩光。绿篱的高度应保证夜间的行车安全，阻挡相向行驶车辆产生的眩光，故绿篱的高度应在 1.2 m 以上。同时也要避免因植物过度生长，导致行人和司机视线受阻的情况，绿篱高度应控制在 1.6 m 以下，当超过这个高度时，就会完全遮挡行人的视线。② 防止行人穿越。绿篱需要达到一定的高度，通常情况下当绿篱高度不低于 1.2 m 时，行人无法跨越绿篱，因此绿篱应该高于 1.2 m，而且应选择枝叶紧密且丰满的植物类型，如此可有效防止行人从绿篱缝隙中穿过。③ 耐修剪，容易维护。分车绿带的绿篱应耐修剪，防止枝条过长对行车安全造成干扰，而且容易维护的绿篱可以降低后期管理成本(田青，2012)。

3. 路侧绿带植物选择

路侧绿带主要用来分隔机动车、非机动车交通和人行交通，保护行人的安全，并且防止人行交通受到过多的干扰。路侧绿道的植物选择以满足景观效果为主，对植物类型没有特别严格的限制。

5.4.4 范例解析

罗斯·肯尼迪绿道位于波士顿 93 号洲际公路隧道，即美国“大挖掘”(the Big Dig)的顶部，总长 2.4 km(1.5 英里)，占地面积 12 万 m^2。93 号洲际公路原来是一段分割波士顿的高架公路，绿道的建设将这条跨越城市上空的高架公路拆除，将交通引入地下隧道，原来地上的高架路被长达 12.5 km 的地下高速主隧道所替代，既解决了长期困扰波士顿的交通问题，减少了道路对城市的阻隔，又节省了地面空间，有利于将其改造成城市的绿色空间(王玮，2014)(见图 5－55)。

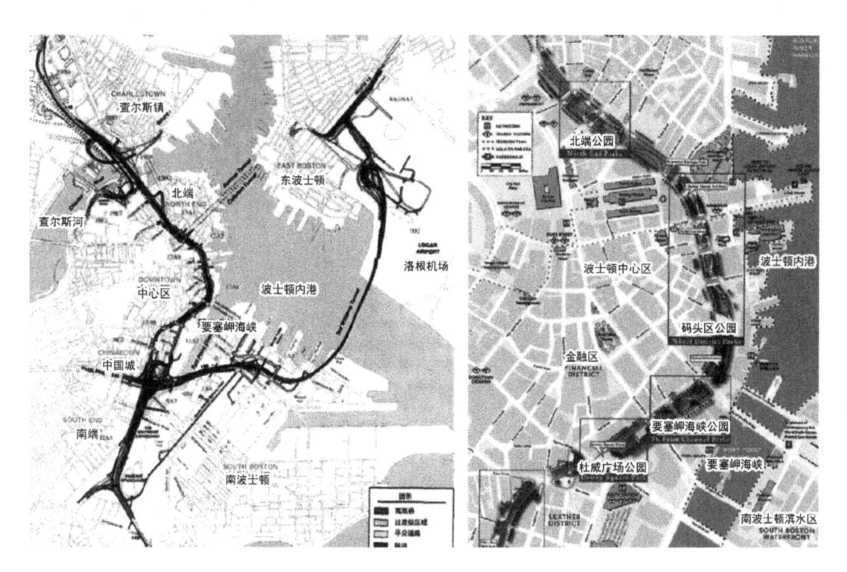

图 5－55 罗斯·肯尼迪绿道
(图片来源：www.google.com)

1. 恢复绿道空间连通性

罗斯·肯尼迪绿道将一分为二的城市联系在一起，从北部的北端公园到南部的中国城公园，将五个非线性公园(北部的北端公园、中部的码头区公园、要塞岬海峡公园、杜威广场公园、南部的中国城公园)连接起来，缝合了城市中心一道非常深的“伤口”，完善了波士顿城区绿地系统结构，使其成为一个完整的连通的线性绿道。该绿道还与周围其他的城市绿地相连接，为植物物种的繁殖和传播、营养的流动等生态过程创造了可能性，形成贯穿整个波士顿中心城片区的生态廊道，保障了动物运动和植物扩散通道的连续性。这对绿道本身甚至城市的动植物多样性保护都具有重要的价值。

2. 营造多样性的植被景观

罗斯・肯尼迪绿道将曾经承载城市交通功能的高架公路创造性地改造为“混凝土森林”中的一片城市绿洲，其中新建的城市广场、散步道和植物园组成了地下高速主隧道上方的“屋顶花园”，让人仿佛置身城市生活之外，得到一种全新的体验。

罗斯・肯尼迪绿道营造了复合型的多层次自然植被群落，形成空间关系明晰、层次丰富、四季变化的植物景观。有的植物特意选成一些鸟类和蝴蝶、蜜蜂等昆虫类喜食的浆果类和蜜源类植物。蜜源类植物如蜜蜂喜食的新英格兰本土的海索草，它还可以吸引蜂鸟、蝴蝶等。罗斯・肯尼迪绿道在不同的花园中种植了来自多个国家的代表性植物，既体现了多民族、多文化的交流和融合，又丰富了罗斯・肯尼迪绿道的景观效果。

5.5 小结

本章主要基于城市绿道的不同类型，阐述城市绿道植物多样性的营建策略。本章在研究了山林型绿道、滨河型绿道、绿地型绿道、道路型绿道特点的基础上，针对不同类型绿道的植物多样性问题，提出相应的解决策略。

针对山林型绿道的主要问题，提出构建“核心区—缓冲区——般活动区”模式、适当人为干预、群落结构优化策略、维持生物多样性四种策略;针对滨河型绿道的主要问题,提出生境多样性营造、多层次空间种植、基于生态功能的植物营建、维持生物多样性四种策略;针对绿地型绿道的主要问题,提出乡土植物选择、近自然化群落构建、保健植物选择三种策略;针对道路型绿道的主要问题,提出基于生态功能的植物选择、满足景观功能的植物选择、基于交通辅助功能的植物选择三种策略。与此同时,在提出策略的基础上结合范例进行解析。

第 6 章

基于不同尺度的绿道植物多样性策略

6.1 宏观尺度绿道植物多样性营建策略

6.1.1 城市绿道网络的构建策略

1967 年，麦克阿瑟（MacArthur）、威尔逊（Wilson）提出了岛屿生物地理学理论，莱文斯（Levins）于 1970 年提出了异质种群理论。基于这些理论，重组自然区域的内部联系，从而构建绿道网络，能够有效地解决“孤岛效应”和“景观破碎化”所导致的物种衰退及灭绝（何昉 等，2010）。城市建设范围的不断扩大，加上公路、铁路等交通设施对自然环境的切割破坏，造成城市重要的生物栖息地孤立化、破碎化甚至丧失，生态系统内部缺乏有效连接。因此，宏观尺度上应该主要利用山林型、滨河型、绿地型、道路型四种类型的绿道，连接城市中重要的生物栖息地，在城市范围内形成网络状结构，消除或减少生境破碎化对植物多样性造成的影响。绿道网络可以保护绿道的植物多样性，也能够保护动物多样性，从而促进城市的生物多样性，构建健康完整的城市生物群落。如图 6－1 所示为城市生态网络的理想结构。

6.1.1.1 重要生物栖息地的选择

山林型、滨河型、绿地型、道路型绿道中应该包括城市中具有高度敏感性、高度生物多样性、重要生态保护价值的生态核心区，如森林、湖泊、湿地、风景区等，通过将这些散布在城市中相对孤立的重要生物栖息地重新联系，减少栖息地的破碎化，保护植物多样性。

重要生物栖息地的选择可以参考当地自然保护政策等，根据其中包含的物种重要程度划分等级，选择其中等级较高的区域通过绿道进行连接。例如日本福冈市的城市绿道网络构建就是以保护生物栖息环境为目标，将当地的两百多种珍稀动物、植物依据重要程度分为三个等级，并结合绿地标出分布范围，从中选择等级最高的珍稀物种，将它们栖息的湿地、林地、滨水区等作为重要生物栖息地进行保护，并通过绿道将它们连接形成城市的生物栖息网络。如图 6－2 所示为福冈市生

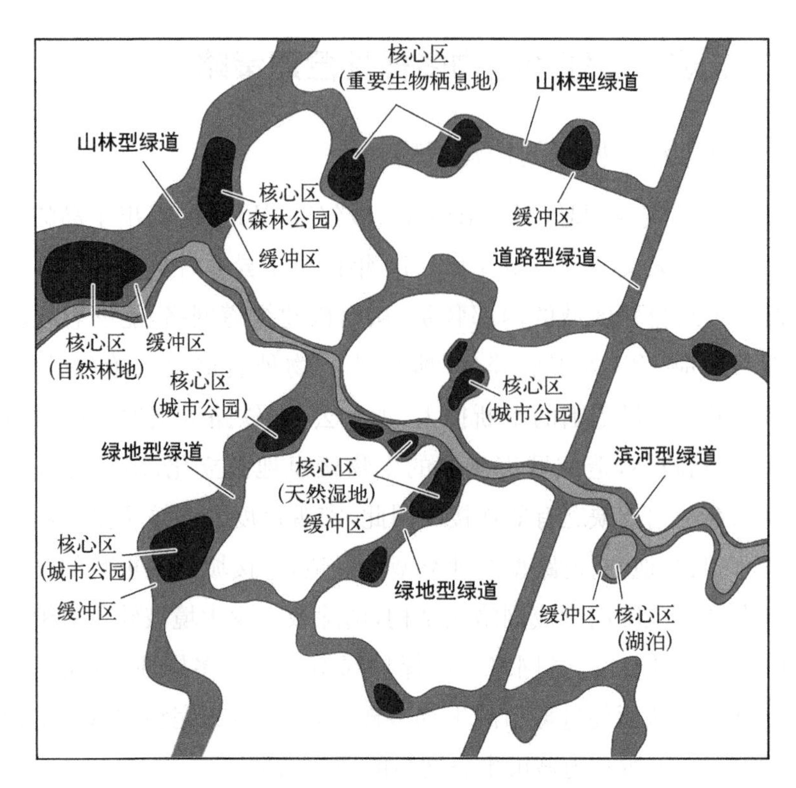

图 6-1 城市生态网络理想结构

态保护规划评价图。

英国东伦敦绿网规划中将河流、湿地、森林、公园绿地等资源作为核心区域进行重点保护，并对棕地进行生态修复(包括垃圾填埋场、废弃矿区、废弃机场及受污染的水域等)，通过资源的整合，设立了不同级别的野生动植物栖息地(包括市级、区级、社区级)(见图 6-3)，并尽可能地增加空间连接性，形成野生动物迁徙的通道(刘佳琳 等，2013)。

重要生物栖息地的选择还可以通过研究绘制土地适宜性分析图，进行生态适宜性评价。首先需要根据土地景观类型以及生态调查中的样地来划分土地单元，对生物多样性相关的生态因子组合进行分类分析，并赋予不同生态因子权重；然后分别计算土地单元的生物多样性维持适宜度值，绘制适宜度图；最后叠加得到综合适宜度图，其中数值最

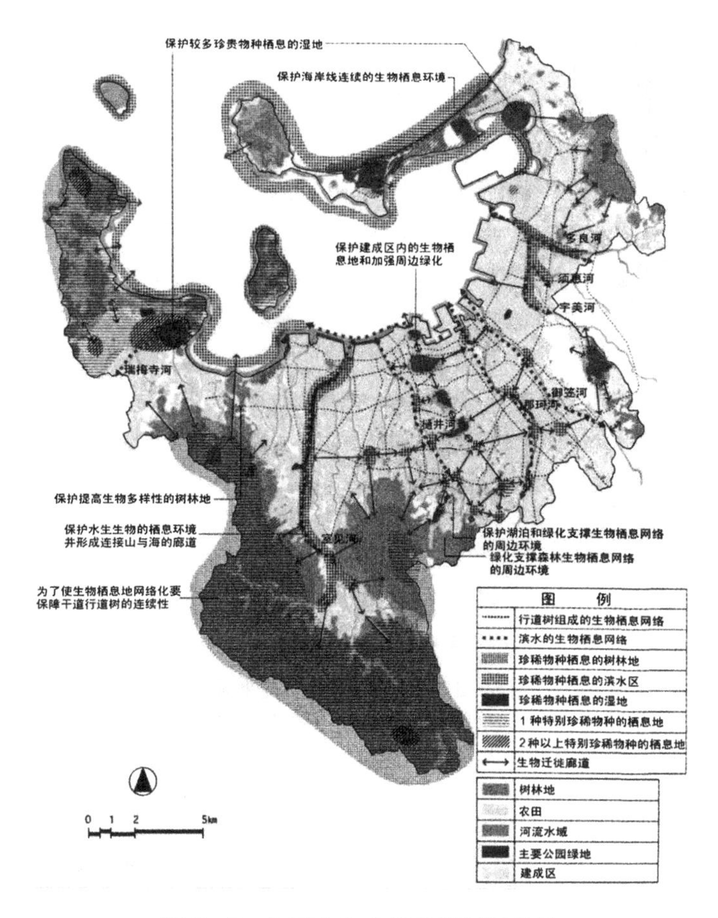

图 6-2　福冈市生态保护规划评价图
（图片来源：《福冈市绿化基本计划》）

高的就是最重要的生物多样性保护区域。

生态因子指标的选择是适宜度分析的重要环节。自然环境中的生物多样性评价中，生态系统类型多样性、物种特有性、野生高等动物丰富度、野生维管束植物丰富度、植被垂直层谱的完整性、生境自然度、森林覆盖率、外来物种入侵度、受威胁物种的丰富度和国家重点保护物种指数等是最常选择的生态因子。通过上述步骤得到的综合适宜度值图中，数值最高的区域就是最重要的生物栖息地，可作为城市绿道选址的依据。另有一类生物多样性较低但生境质量较好的地区可作为潜在的

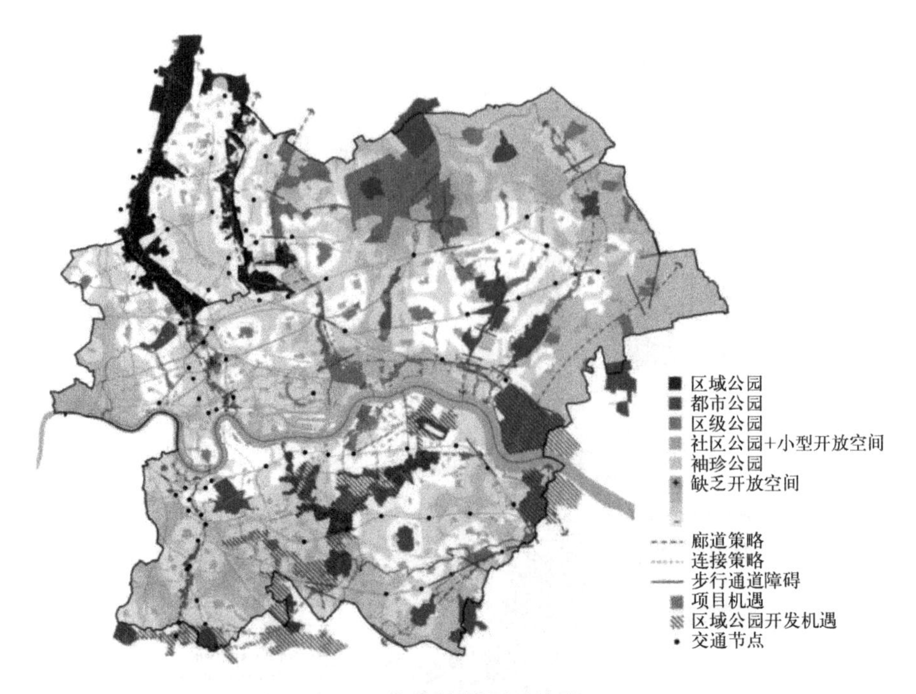

图 6-3　东伦敦绿网系统平面图

（图片来源：刘佳琳、李雄，《东伦敦绿网引导下的开放空间的保护与再生》，2013 年）

生物栖息地，可以根据需要将其规划成栖息地。

6.1.1.2　绿道相互连接形成网络

绿道之间的连接主要是将城市的山林型绿道、滨河型绿道、绿地型绿道、道路型绿道等重要的绿道类型相互连接，形成城市绿道网络。例如，休斯敦河湾绿道网络就是将经过休斯敦市区和哈里斯郡的十条主要滨水绿道进行连接形成城市绿道网络，既保护了城市的植物多样性，又为市民创造了新的公共开放空间（见图 6-4）。

佛罗里达州生态网络规划中的廊道连接模式，首先根据美国国家湿地总录分类系统，将整个佛罗里达州的土地分为沿海型、山地型以及沿河岸和大型湿地型三种景观类型。这三种景观类型构成了枢纽地区，先在同类枢纽区之间进行连线，然后在不同枢纽之间连线，最后在跨流域枢纽区之间进行连线，最终形成了沿海型之间、山地型之

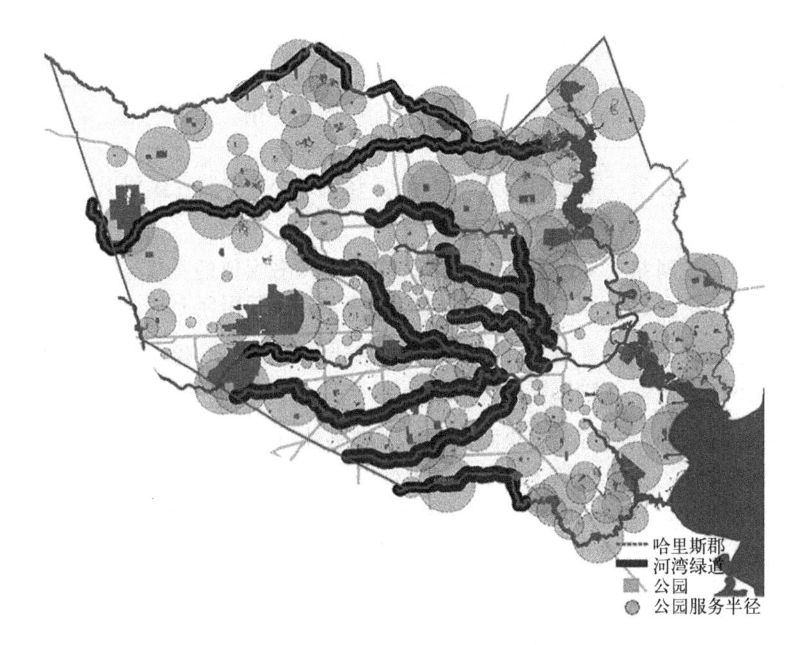

图 6-4　休斯敦河湾绿道网络
（图片来源：www.asla.org）

间、沿河岸型之间、沿河岸型与沿海型之间及跨流域枢纽之间五种连线模式。

绿道之间的连接模式还可以通过最小成本路径模型模拟生成。利用地理信息系统(GIS)可以计算得出从目标点到源的最短路径，从理论上来说，这是基于可通达性考虑到的最好路线，且耗费最小成本，因而称为最小成本路径。最小成本路径可用于廊道识别，它能比较有效地避免外界干扰，是生物物种迁移与扩散的最佳路径。

在 GIS 技术平台中，利用最小成本路径模型识别廊道的过程主要包括：

(1) 选取生态源。

(2) 设定阻力表面并计算累积耗费距离。

(3) 利用分析工具中的最小成本路径模型，确定最小成本的潜在路径，由此理想情况下的生态廊道的空间位置就可以被识别出来(见表 6-1)。

表 6-1　绿道网络案例中最小成本路径模型应用情况

案例名称	应　　用
北京区域生态安全格局	在适宜性分析基础上，运用最小成本路径模型识别廊道
崇明岛生态网络规划	通过最小成本路径模型计算出廊道的具体位置和连接线路，并将优化网络结构落实到实际用地上
长沙大河西先导区绿道网络	在最适宜的网络结构基础上，运用 GIS 进行最小路径分析，确定廊道连线
徐州市绿色基础设施网络	综合斑块面积和生态敏感性得分确定核心区域，利用 GIS 中最小成本路径模型得到备选生态廊道

注：作者根据黄冬蕾在 2016 年的相关资料整理。

城市绿道网络建设中，除了利用绿道连接重要生物栖息地之外，对绿道本身还应规划出一定的宽度缓冲区域，即绿道缓冲带。此区域受边缘效应的作用，可以强化对重要生物栖息地的保护，有利于绿道生物多样性保护和其他生态功能的正常发挥。绿道缓冲带在绿道与城市之间起到过渡作用：一方面，作为核心区域面向人工干扰区域的屏障和半透膜，起到保护生态核心区的作用，过滤并大大降低外来影响；另一方面，它们也可以为人类户外休闲及娱乐游憩活动提供载体，发挥自然、文化、景观方面的优势与吸引力，成为市民及旅游者的公共开放空间(刘滨谊 等，2013)。缓冲区的具体宽度需要根据场地实际情况具体确定。绿道宽度的适宜性策略会在后面 6.2.2 章节中详细说明，此处不再赘述。

6.1.2　范例解析

6.1.2.1　中国深圳市绿道网络

深圳市绿道网以基本生态控制线为基础，包含深圳的主要山体(共 13 座)、河流(共 12 条)、海岸线(总长度超过 252 km)、自然保护区和风景名胜区(15 个),加上城市绿地、湖泊、湿地、水库、景观道路等(共1 000多个),连接了分散的生态斑块和生态资源,并进一步加强了生态空间的连通性,构成城市生态基底,对于城市的动植物多样性保护具有重要的意义。

1. 绿道网络的构建

深圳绿道网络分为三个层级:区域级绿道、城市级绿道和社区级绿道(见图 6-5)。其中,两条区域级绿道 2 号绿道、5 号绿道,连接珠三角各城市,可发挥保护区域生态环境、建设生态支撑系统的功能。另外,城市中部的森林公园与郊野公园被深圳经济特区管理线(已于 2018 年经国务院批复后撤销)联系起来,形成了山地休闲资源的整合;城市密集区与东南部山林、生态条件优越的龙岗区由大运支线串联,海岸线也形成了连接东西部的绿道。最终山、城、海形成了一体,构建了城市生态游憩空间体系。

城市绿道方面,共分为四种类型:滨海风情绿道、山海风光绿道、滨河休闲绿道以及都市活力绿道。滨海风情绿道可以凸显城市滨海特质;山海风光绿道结合城市地理条件,并遵循自然生态过程,向城市肌理进行指状延伸和渗透,同时有利于城市生态环境的保护以及生物的迁徙、繁衍,防止城市中出现生态孤岛;沿深圳河、茅洲河、丁山河、观澜河、龙岗河、坪山河等城市河流建设的滨河休闲绿道,既保护了河流及

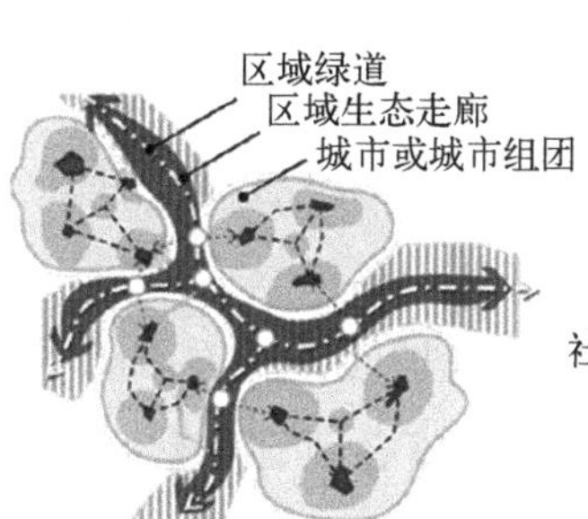

区域级绿道连接珠三角各城市,对区域生态环境保护和生态支撑系统建设具有重大意义

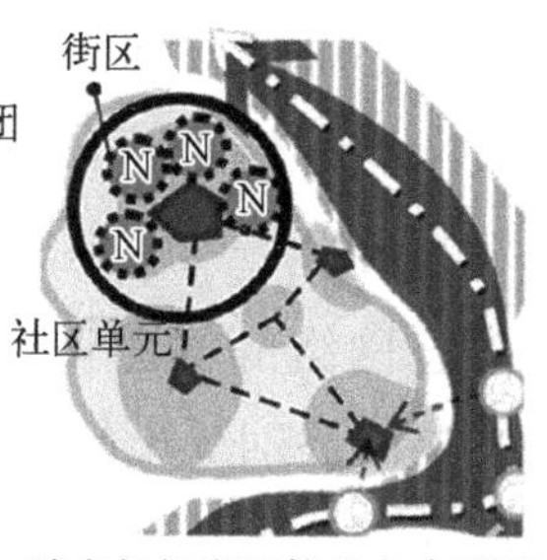

城市级绿道连接城市内重要功能组团,对城市生态系统建设具有重大意义

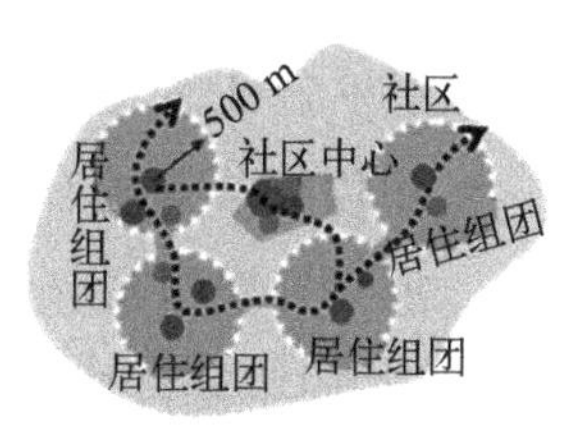

社区级绿道连接社区公园、小游园和街头绿地,主要为附近居民服务

图 6-5　各级绿道示意图
(图片来源:www.baidu.com)

周边土地的生物栖息地和生态环境，又为人们提供了滨水休闲空间；利用宝安大道、深南大道等都市活力绿道的建设，形成多条延伸并渗透到城市肌理中的绿道绿径，缓解了城市生态破碎化的问题。

社区绿道方面，以城市组团为基本单位，社区公园、小游园和街头绿地也被连接起来，为附近居民提供服务，并接入城市绿道和区域绿道。

2. 绿道缓冲带的设置

在综合考虑实际建设条件以及生态环境保护需求的情况下，深圳绿道网络规划对各级绿道的基本宽度进行了限定，其中区域级绿道的基本宽度应为 100 m，城市级绿道的基本宽度应为 50 m，社区级绿道的基本宽度为 20 m。保证绿道的基本宽度可以有效地增强斑块之间的连接性，促进动植物群落物种的扩散和迁徙，进而保证景观生态过程的连续性以及生态格局的连续性。同时，可以修复和提升绿道及其周边土地的综合功能，进一步完善深圳绿道网络体系（周亚琦，2012）。

6.1.2.2 加拿大埃德蒙顿市生态网络

加拿大埃德蒙顿市有较好的自然条件，拥有自然景观包括大量森林、草地、湖泊、湿地等，北萨斯喀彻温河流经市区，小型栖息地斑块大量存在于在新开发地区和郊区内。该市从 1904 年建成以来就认识到自然区域的重要性，并预留了自然保护区，然而在经济发展过程中仍不可避免地失去了部分自然保护区域。2000 年以后，有关学者和当地政府开始意识到相比于单个自然保护区，连续的生态网络可以更有效地保护生物多样性。

1. 埃德蒙顿生态网络的结构

加拿大埃德蒙顿市生态网络的构建目的是保护当地的生物多样性，其结构主要包括四个部分，分别为生物多样性核心区、区域生物廊道、连接区和基质（见图 6－6）。

1）生物多样性核心区

生物多样性核心区包括两种：一种是三个具有区域生物多样性的核心区，它们是面积较大的自然区，其范围并不局限于埃德蒙顿的市

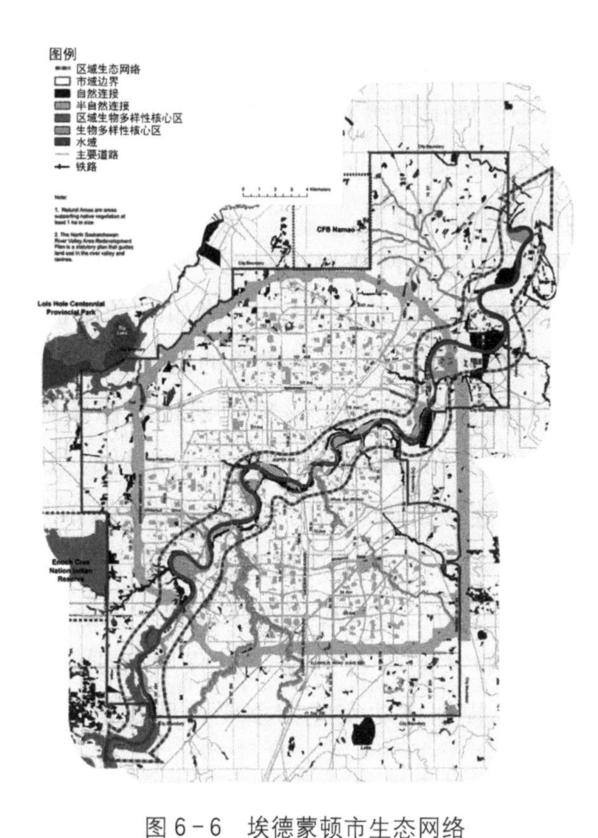

图 6-6 埃德蒙顿市生态网络

（图片来源：作者改绘自 *Edmonton Natural Connections Strategic Plan 2007*）

区;另一种包括了十个生物多样性核心区,它们完全在市区范围内。

2）区域生物廊道

区域生物廊道主要是指北萨斯喀彻温河流域,它不仅是该区域重要的生物栖息地,也是重要的野生生物迁徙廊道。

3）连接区

连接区为生物廊道和生物多样性核心区之间建立了结构和功能上的连接。连接区又分为两种,一种是由天然植被区(如自然区、自然化的公园)形成的自然景观连接区,另一种主要是由休闲公园、校园、墓地等人工绿地组成的半自然景观连接区。

4）基质

城市中的农业用地、工业用地、商业用地和住宅用地构成了城市的基质。对生态网络的连接质量会产生重要影响的因素是基质的通透性。如果生态核心区周围的缓冲区能够有效地发挥作用，整个生态网络的连接性将会大大提高。

2. 相关的规划方案和政策

埃德蒙顿市针对生态网络保护制定了一系列的规划方案和政策，以保证其能够最大限度地发挥作用，诸如综合保护规划、自然连接规划、市政发展规划等。其中，最重要的是 2005 年城市自然区指导委员会颁布的自然连接规划。该项规划将埃德蒙顿市的所有自然区构建成为一个整体的系统性网络，形成全局的规划和保护观。实现自然区之间的连接是该规划的一个重要目标，依托多功能的生物廊道为重要的生态过程和生物栖息、迁徙提供支持。规划的主要实施机构是自然区办公室，其在实施过程中发挥领导和协调作用。同时，全社会的共同参与是整个过程中特别强调的部分，埃德蒙顿市自然连接规划成功实施的重要一环就是采用恰当的管理方法。

最终，埃德蒙顿市形成了八个生态网络规划区(见图 6 - 7)，它们彼此之间紧密连接，每个规划区可能包含数个半自然景观连接区或自然景观连接区，但规定至少有一个生物多样性核心区或具有区域生物多样性的核心区。在评估战略规划的有效性方面，埃德蒙顿市采用了系统指标法，最终的结果显示，采取的上述措施最大限度地保护了现有自然区，加强了生态网络的连接性，恢复了曾经破碎化甚至已经退化的区域，而且提高了公众的参与性。总而言之，实现了规划确定的自然区保护目标。

埃德蒙顿市采用生态网络的方法进行自然区保护，并取得较为理想的效果，除了因为当地的生态网络基础较好外，也离不开一系列生态网络保护和恢复的具体规划，更重要的是相关政策为每一个规划提供了支撑。在战略规划指导下，有效的执行计划、恰当的管理方法是规划成功实施的重要保障，仅有理论基础和指导原则是远远不够的(李洪远等，2010)。

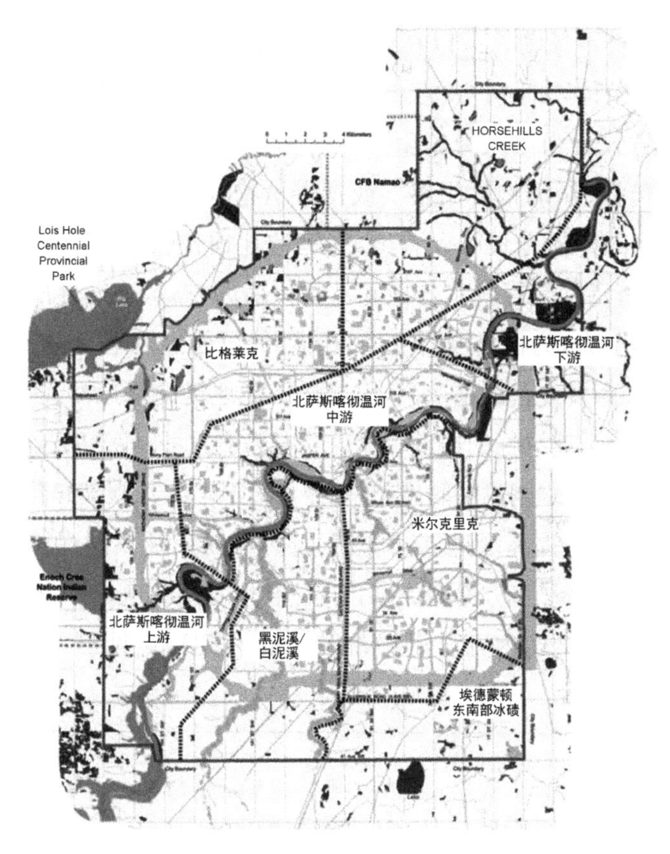

图 6－7 埃德蒙顿市的八个生态网络规划区
(图片来源：作者改绘自 *Edmonton Natural Connections Strategic Plan 2007*)

6.2 中观尺度绿道植物多样性营建策略

6.2.1 绿道连通性策略

从景观生态学的观点来看，廊道的连通性对于物种的多样性具有重要意义。廊道连通性对于动物运动和迁徙的意义显而易见，而且大多数有关连通性的研究是以动物为对象的。有学者在 1993 年研究了廊道对植物物种的效应，发现相比于相互隔离的斑块，有廊道连接的斑块更有利于树种跨景观范围扩散，特别是以重力为媒介散布的树种(Damschen et al.,2006)。

植物种群不像动物可以在适宜的环境中自由地迁徙，它们主要依靠自身的繁殖体，如种子、果实、孢粉或幼苗等，向四周扩散和传播。植物的传播方式分为以风力作用为传播主动力的风传播、以水流为传播动力的水传播、靠动物食用果实或携带植物种子至其他地方的动物传播。由植物的传播方式可以看出，绿道的连通性会对植物的传播产生一定的影响，特别是影响水传播和动物传播的方式，连续性的绿道能够减小传播的阻力，为植物群落提供“迁徙”的可能性及基因交换的机会。

因此，在条件允许的情况下，应该尽可能地提高绿道的连通性，为植物扩散提供一个连续性的通道。绿道的内部连通可以恢复破碎生境之间的连接，提高生境之间的关联度，有效减少甚至消除景观破碎化对植物多样性的不利影响；提高绿道之间的连通性，可以鼓励不同绿道的物质交换、基因交流、能量流动；提高绿道和自然环境之间的连通性，有利于自然环境中的物种向绿道内流动，提高绿道的植物多样性(见图 6-8)。

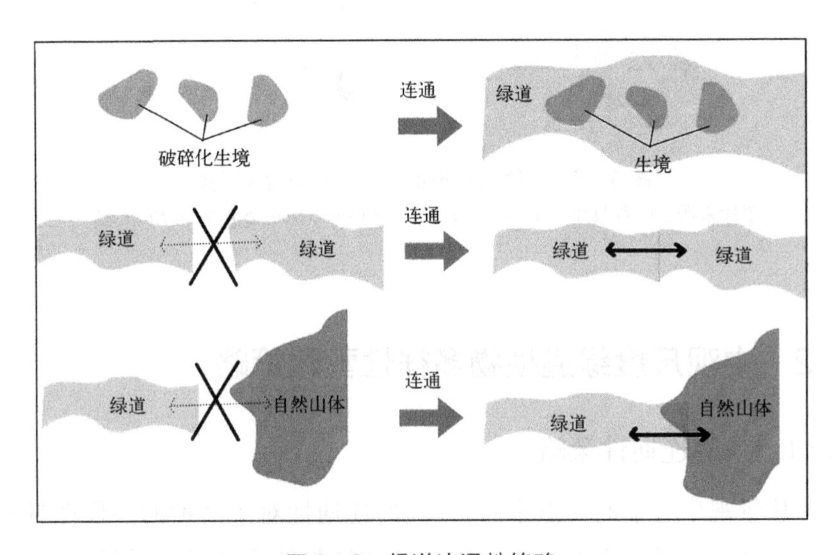

图 6-8　绿道连通性策略

在美国亚特兰大城市廊道改建项目中，该项目依据 *Continuous Canopy: Reforestation Strategy*(连续林冠：再造林策略)，恢复绿道植物的林冠层连续性，将绿道内五种不同类型的生境串联起来，有利于绿道的植物多样性营建。其中，针对场地中五个不同的区域，采取不同的营造策略。绿道中的工业废弃地复垦采取早期连续性种植乔木，用植物修复技术对污染的土壤进行修复，种植耐寒植物等手段，改善了工业化污染严重、植物退化严重、林冠层稀疏等问题；社区林地修复则是采取植树造林的方式来创建连续性林冠层，并种植适用于居民区的本地物种和适应性物种；河岸复育采取的办法是恢复山麓地带的低地植物群落，并对河流进行恢复；城市森林修复是通过加密种植以重建林冠层，保护遗产树木，并种植城市公园和街景常见的本地和适宜性树种；高地森林修复则采取恢复山麓地带的高地森林植物群落的方式(阿尔瓦雷斯，2013)。

在巴塞罗那萨格雷拉线性公园设计中，原本穿越萨格雷拉区的城市铁路被移至地下而形成了一条 3.7 km 长的城市带状空间。设计将其与城市街道空间轴线相连，于是这条带状公园将自然和城市重新连接起来，并一直延伸到南部的海滨。饱受铁路影响的周边衰败区域也因此获得新的发展机遇。这一贯穿城市中心的带状公园强调与自然的紧密联系。通过与自然的连接，绿道的植物多样性大大提升，同时整个城区的生物多样性也得到提升。最终，这条绿带形成了巴塞罗那高密度城市空间中的一个重要喘息空间(见图 6-9)。

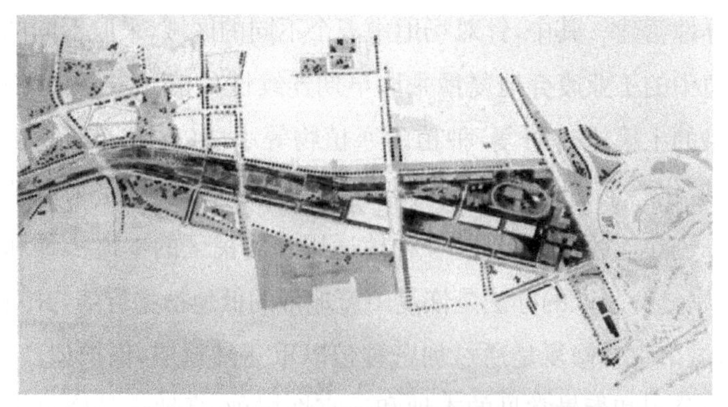

图 6-9　巴塞罗那萨格雷拉线性公园
（图片来源：申瑟 等，2013）

多数情况下，特别是在城市中，绿道在空间上不能保持连续性，如绿道可能会被道路隔断，或者绿道与栖息地之间无法直接连接。生态学中的种群迁移可达性原理认为，动植物的迁移可达距离一般在 1～2 km，如果生物种群间超过了这个范围，动植物就难以迁移，这时就需要设计新的栖息地。因此，可以通过“踏脚石”（stepping stone）的方式在绿道和栖息地之间、绿道和绿道之间建立临时的暂息地，发挥连接的作用（见图 6-10）。

“踏脚石”是人为创造的生境，它的连接度介于有绿道和没有绿道之间，它的位置、面积和生态系统的设置应该以植物的习性为参考。“踏脚石”位于中间，起到缓冲的作用，面积可以较小，但要注意保持其中的生境和试图连接的栖息地生境的一致性，从而有利于植物适应（赵奇，2012）。

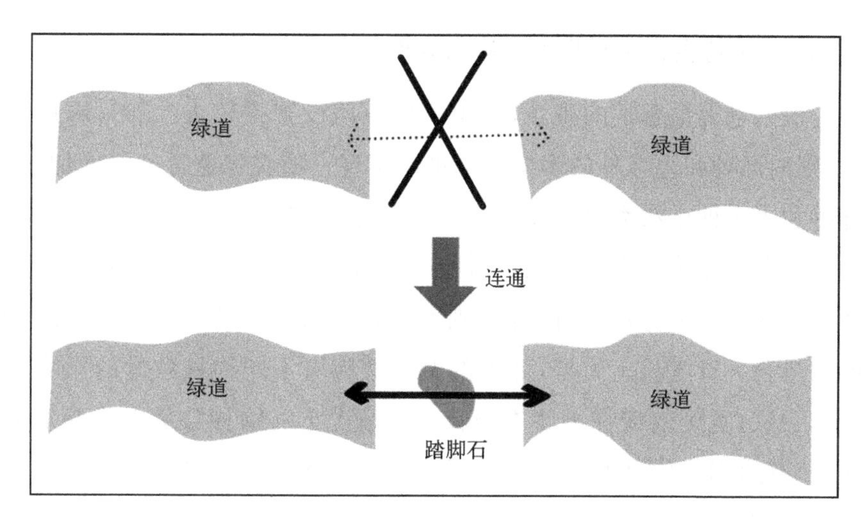

图6－10　利用“踏脚石”恢复绿道连通性

6.2.2　绿道宽度适宜性策略

除了可以保护动植物栖息地，维持生物多样性以外，城市绿道的植物多样性还有一系列重要的生态服务功能，如水土保持、防风固沙、净化水质等。绿道的宽度很难明确规定，因为绿道结构与功能是高度复杂的。很多因素都可以影响绿道的宽度，如需要保护的目标物种类型、现有植被情况、绿道的功能、城市对土地利用的限制等（朱强 等，2005）。

从生态学角度来说，绿道越宽越好，随着宽度的增加，环境的异质性增加，动植物种类会随之增加。相关研究结果显示，草本层、灌木层物种多样性水平与绿道宽度呈现正相关，因此足够的绿道宽度是实现植物多样性的必要前提，特别是对草本层、植物层而言（任斌斌 等，2015）。但是，由于城市建设用地紧张，绿道的宽度必然受到限制。因此，应该在两者之间寻找到一个平衡点，使绿道的宽度既符合城市用地的限制，又能满足不同物种的需求，发挥其保持生物多样性的功能。

6.2.2.1 维持生物多样性的宽度适宜性

根据景观生态学的观点,廊道宽度应该设置得较大。如果廊道过窄,则内部种和边缘种的多样性都难以实现。随着廊道宽度的增加,内部种和边缘种显然都会增加。值得注意的是,随着宽度的增加,边缘种的数量在开始阶段会迅速增长,但在廊道达到一定的宽度后,边缘种的数量也逐渐趋于稳定,而内部种则不同,随着廊道宽度的增加,内部种的数量会一直增长。另外,绿道的宽度效应对不同物种数量的影响也并非一致,宽度效应在宽度本身较小的情况下对物种数量影响并不明显,只有达到一定阈值(根据景观生态学研究,这个阈值一般为 7～12 m)之后才会愈加明显(Forman et al.,2015)。

绿道主要是保证生物的栖息、迁移,以及群落种群数量和群落稳定。宽度值则主要考虑内部种生境宽度和生境两侧边缘种生境宽度,绿道宽度模型公式如下:

绿道宽度＝边缘种生境宽度＋内部种生境宽度＋边缘种生境宽度

其中内部种生境应满足植物群落的最小系统单元。

城市绿道的宽度适宜性受诸多因素的影响,如物种、廊道结构、连接度、绿道所处基质等等,其中绿道内的物种是对绿道宽度适宜性影响较大的因素。不同的物种对于绿道宽度的需求会有所相同。对于城市建成区而言,绿道内的植物类型包括乔木、灌木、草本和地被植物,常见的动物包括鸟类、爬行类、两栖类、鱼类、小型哺乳类等。除了山林型绿道中可能会有少数的中型哺乳动物栖息外,大型哺乳动物基本不会出现在城市建成区的绿道中。因此,绿道的宽度主要用来满足大部分植物和除大、中型哺乳动物以外的其他动物类型的需求。

表 6－2 是不同学者对生物保护廊道适宜宽度值的研究,对城市绿道的宽度确定具有参考和借鉴意义。需要说明的是,其中的宽度值是相应条件下的结果,是针对特定的研究目标和保护前提得出的。

表 6-2 不同学者对生物保护廊道适宜宽度值的研究

廊道类型	作　者	提出时间	廊道宽度/m	不同宽度对生物的影响
保护动物多样性	Stauffer 和 Best	1980 年	200	保护鸟类种群
	Newbold J D	1980 年	30	伐木活动对无脊椎动物的影响会消失
			9～20	保护无脊椎动物种群
保护动物多样性	Tassone J E	1981 年	50～80	松树硬木林带内几种内部鸟类所需最小生境宽度
	Brinson	1981 年	30	保护哺乳、爬行和两栖类动物
	Cross	1985 年	15	保护小型哺乳动物
	Brown M T	1990 年	98	保护雪白鹭的河岸湿地栖息地较为理想的宽度
	Williamson	1990 年	10～20	保护鱼类
	Rabent	1991 年	7～60	保护鱼类、两栖类
保护植物多样性	Peter John W T	1984 年	30	维持耐荫树种山毛榉种群最小廊道宽度
				维持耐荫树种糖槭种群最小廊道宽度
	Forman R T T	1986 年	12～30.5	对于草本植物和鸟类而言，12 m 是区别线状和带状廊道的标准。12～30.5 m 能够包含多数的边缘种，但多样性较低
			61～91.5	具有较大的多样性和内部种
	Juan A	1995 年	168	针对鸣禽保护的较为理想的硬木和柏树林的宽度
			12	草本植物多样性平均为狭窄地带的 2 倍以上
生物多样性	Juan A	1995 年	3～12	廊道宽度与物种多样性之间相关性接近于零
			60	满足生物迁移和生物保护功能的道路缓冲带宽度
	Rohling	1998 年	600～1 200	能创造自然化的物种丰富的景观结构
			46～152	保护生物多样性的合适宽度

续　表

廊道类型	作　者	提出时间	廊道宽度/m	不同宽度对生物的影响
边缘效应宽度	Ranney J W	1981 年	20～60	边缘效应在 10～30 m
	Harris	1984 年	4～6 倍树高	边缘效应为 2～3 倍树高
	Wilcove	1985 年	1 200	森林鸟类被捕食的边缘效应大约范围为 600 m
	Csuti C	1989 年	1 200	理想的廊道宽度依赖于边缘效应宽度，通常森林的边缘效应有 200～600 m 宽，窄于 1 200 m 的廊道不会有真正的内部生境

资料来源：作者根据朱强等人在 2005 年的相关资料总结。

根据上表中对生物保护廊道宽度值的研究，笔者对其中不同类型物种的宽度适宜性进行整理总结(见表 6 - 3)。

表 6 - 3　廊道宽度适宜性

廊道宽度/m	廊道的功能及特点
3～12	廊道宽度与草本植物和鸟类的物种多样性之间的相关性接近于零，能基本满足保护无脊椎动物种群的功能
12～30	对于草本植物和鸟类而言，12 m 是区别线状和带状廊道的标准。12 m以上的廊道中，草本植物多样性平均为狭窄地带的 2 倍以上。12～30 m 能够包含草本植物和鸟类多数的边缘种，但多样性较低，能满足鸟类迁移，保护无脊椎动物种群，保护鱼类、小型哺乳动物
30～60	含有较多草本植物和鸟类边缘种，但多样性仍然很低；基本满足动植物迁移和传播以及生物多样性保护的功能；保护鱼类、小型哺乳、爬行和两栖类动物；30 m 以上的湿地同样可以满足野生动物对生境的需求；为鱼类提供有机碎屑，为鱼类繁殖创造多样化的生境

续 表

廊道宽度/m	廊道的功能及特点
60～100、80～100	对于草本植物和鸟类来说，具有较大的多样性和内部种；满足动植物迁移和传播以及生物多样性保护的功能；满足鸟类及小型生物迁移和生物保护功能的道路缓冲带宽度；许多乔木种群存活的最小廊道宽度
100～200	保护鸟类，保护生物多样性比较合适的宽度
≥600～1 200	能创造自然的、物种丰富的景观结构；含有较多植物及鸟类内部种；通常森林边缘效应有 200～600 m 宽，森林鸟类被捕食的边缘效应大约范围为 600 m；窄于 1 200 m 的廊道不会有真正的内部生境；满足中等及大型哺乳动物迁移的宽度从数百米至数十千米不等

资料来源：作者根据资料朱强等人在 2005 年的相关资料总结。

当廊道宽度在 3～12 m 之间时，宽度与物种多样性几乎不相关；当宽度在 12～30 m 之间时，包含较少的草本植物和鸟类边缘种，可以保护小型哺乳动物、鱼类和无脊椎动物；当宽度在 30～60 m 之间时，含有较多的草本植物和鸟类边缘种，可以保护小型哺乳动物、两栖动物、爬行动物和鱼类；当宽度为 60～100 m 之间时，包含草本植物与鸟类边缘种和内部种，而且可以满足乔木种群的存活要求；当宽度在 100～200 m 时，是保护生物多样性的适宜宽度；当宽度在 600～1 200 m 之间时，可以适宜绝大多数物种栖息。

一般情况下，城市绿道比较适宜的宽度应该在 30 m 左右，可以满足城市中大多数植物和动物的栖息和其他需求，在用地条件允许的情况下，可以适当增加绿道的宽度，为生物提供更好的生存环境。在用地条件有限的情况下，绿道的宽度应维持在 12 m 以上，起到一定的生物多样性保护功能。例如：上海市基本生态网络规划中规定高速公路两侧绿道宽度应控制在 50～60 m 之间，中心城区河道两侧绿化带宽度控制在 10～50 m，主干道两侧绿道宽度应控制在 20～30 m；广东省绿道网络建设中规定都市型绿道的宽度一般不宜小于 20 m，在条件不具备时，绿道慢行道路沿线和城市建设用地之间应有 8 m 以上的间距（见表 6-4）。

表 6-4　上海市和广东省绿道规划宽度

案例名称	绿 道 宽 度
上海市基本生态网络规划	中心城区河道两侧绿化带宽度控制在 10～50 m，郊区景观河道绿化道控制在 50～500 m；黄浦江沿江两岸规划有50 m的绿化景观带；苏州河沿线绿化拉制带宽 8～30 m；新径港两岸各规划 10～50 m 的绿化景观带；淀浦河两岸规划蓝线外规划 100 m 的绿化林带和 500 m 的建设控制带；淀山湖沿岸规划 200 m 的绿化控制带；高速公路两侧绿带应确保 50～60 m 的宽度，主干道两侧绿带应确保 20～30 m 的宽度
广东省绿道网络建设	生态型绿道控制区总宽度一般不小于 200 m，郊野型一般不小于 100 m，都市型一般不宜小于 20 m（条件不具备时，绿道慢行道路缘线与城镇建设用地之间应有 8 m 以上的距离）

注：作者根据《上海市基本生态网络规划》和《广东省绿道控制区划定与管制工作指引》总结。

6.2.2.2　基于生态服务功能的宽度适宜性

滨河植被能够提供生态服务功能，包括水土保持、污染治理、降低环境温度、提高河流的稳定性等。然而目前不同地区采用的河流防护林带宽度并不相同，没有一个统一标准。例如，美国西北太平洋地区大多以 30 m 作为河岸植被带缓冲区的最低标准。托特（Toth）更是将范围扩大到河流两岸 150 m，并建议在河流两岸 150 m 范围内的任何人类活动都应该得到相关机构和公众的监督和评价。不同研究者关于滨河绿道宽度适宜性的研究结果如表 6-5 所示。

表 6-5　廊道河岸植被适宜性宽度

功能	作者	发表时间	河岸植被带宽度/m	说　　明
污染防治	Erman et al.	1977 年	30	控制养分流失
	Peterjohn W T et al.	1984 年	30	有效过滤硝酸盐
	Cooper J R et al.	1986 年	30	过滤污染物
	Correllt et al.	1989 年	30	控制磷的流失
	Keskitalo	1990 年	30	控制氮素
水土保持	Gillianm J W et al.	1986 年	18～28	截获 88% 的从农田流失的土壤
	Cooper J R	1986 年	30	防止水土流失
	Cooper J R	1987 年	80～100	减少 50%～70%的沉积物
	Lowrance et al.	1988 年	80	减少 50%～70%的沉积物
	Rabeni	1991 年	23～183.5	美国国家立法，控制沉积物
其他	Brazier J R et al.	1973 年	11～24.3	降低环境温度 5～10℃
	Erman et al.	1977 年	30	增强低级河流河岸稳定性
	Steinblums I J et al.	1984 年	23～38	降低环境温度 5～10℃
	Cooper J R et al.		31	产生较多树木碎屑，为鱼类繁殖创造多样化的生境
	Budd W W et al.	1987 年	11～200	为鱼类提供有机碎屑物质
	Budd et al.	1987 年	15	控制河流浑浊

资料来源：作者根据朱强等人在 2005 年的相关资料总结。

根据表格列出的数据，如果河岸植被宽度大于 30 m，对于增加河流中生物的食物供应、有效过滤污染物、降低温度等目标就可以起到较好的作用。结合前文关于生物保护的绿道适宜性宽度研究结果，30 m 宽的绿道能够满足鱼类、两栖类等动物的栖息，因此 30 m 是比较适宜的滨河型绿道宽度。

6.2.3 生境多样性营造策略

从景观生态学来说，景观的异质性影响着植物种子的传播、动物的迁移等过程，进而影响着生物多样性。一般来说，景观异质化程度愈高，越有利于保持景观中的生物多样性。景观异质性高，能为不同的物种提供不同的生境，从而允许物种共存，所以景观异质性有利于物种多样性的提高。同时，景观异质性越高，生境越复杂，物种越多样，而多样性促进稳定性，因此，景观越稳定。所以，景观异质性会提高景观的稳定性（李团胜，2009）。温彻 · E. 詹姆斯德（Wenche E. Dramstad）等人的研究认为生境多样性和物种多样性有一定的正相关关系。如果要获得更多适宜物种生存的条件，尤其对于那些多生境物种而言，就需要创造更加多样化的生境。绿道是城市的生态基底，实现绿道生境类型的多样性，可以打破高密度城市化区域均质化人工环境，营造异质性自然生境。

6.2.3.1 营造多样性的生境类型

快速城市化造成的比较严重的影响之一是改变了土地原有的面貌及土地原有生境的多样性、异质性等特征。简单化、均质化处理造成了城市生物生境类型的缺失。城市绿道中面临着同样的问题。

城市绿道建设应该提高绿道内的景观异质性，营造多样性的生境类型。首先，利用绿道尽可能地连接城市中现有的森林、草地、湿地、湖泊等生境类型，为不同的植物提供不同的生境类型，满足植物的生态位需求，吸引和容纳更多种类的植物生长和繁殖。其次，如果城市绿道中生境类型被严重同质化，可以通过营造不同的生境类型，改变因生境同质化造成的植物种类单一的状况，这有利于提高城市绿道的植物多样性。同时，景观异质性产生的不同生境间的区别，促成了生境之间物质和能量的交换和流动，有助于生态系统的演化和动态平衡（刘茂松 等，2004）（见图 6－11），例如在深圳大运支线绿道案例中，结合场地的地貌和地理特征，在梧桐山风景区和荷坳森林公园组团之间，特别是在狭长的河流及山谷地带，促进小型斑块生境的恢复和连接，同时营造洼地湿地生境，为生物创造更多样的栖息、繁殖环境，从而可在绿道中形成更为丰富的生境多样性。

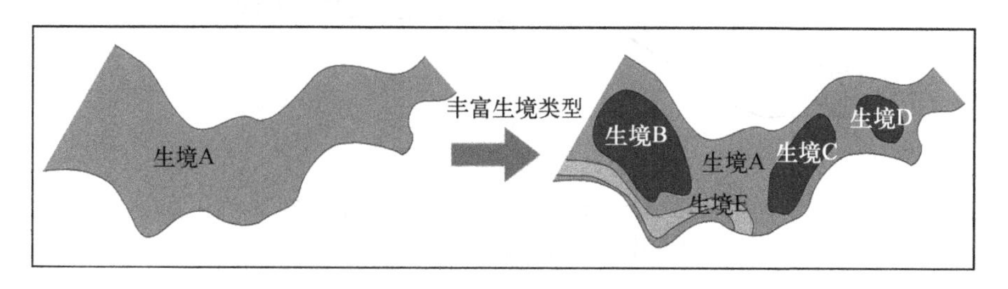

图 6－11　绿道生境类型多样性

美国亚特兰大城市环路建设项目，并没有简单地将绿道内生境进行同质化处理，而是针对原场地不同的现状，采取不同的恢复策略，营造废弃工业地、社区林地、河岸、城市森林、高地森林五种不同的生境类型，并种植不同的植物种类，从而为不同动植物栖息创造条件(见图 6－12)。

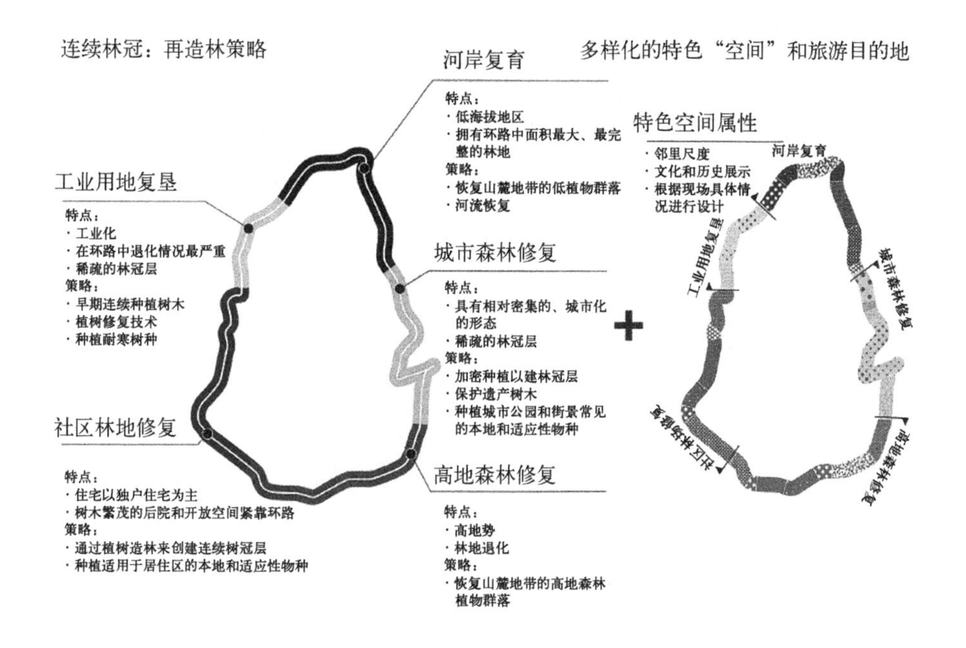

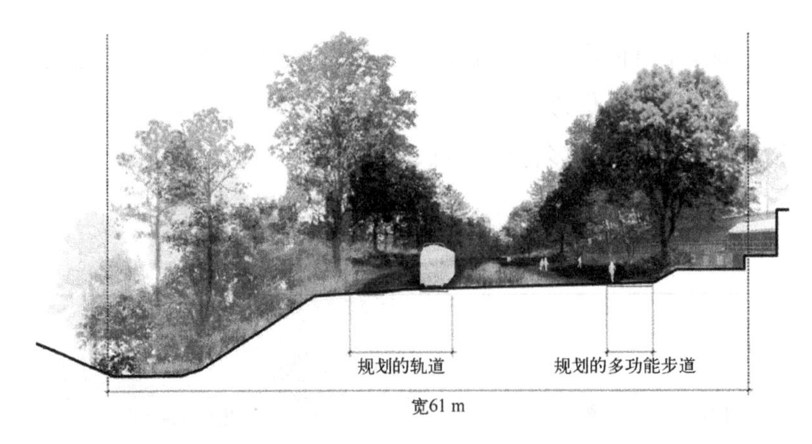

图 6－12　美国亚特兰大城市环路项目
（图片来源：阿尔瓦雷斯 等，2013）

6.2.3.2　整合周边小生境斑块

城市绿道在建设时可以将周围的小型生境纳入绿道，丰富其生境类型。绿道建设要尽可能地营造多样性的生境类型，满足不同植物的生长需要。但是，由于现代城市用地紧张，可用来进行绿地建设的土地十分有限，因此生境类型的丰富程度必然受到限制。城市绿道可以发挥其线性的生长性和延伸性特点，以“绿色触角”的形式向周边用地进行生长和延伸，将周围那些闲置出来很难进行开发利用的零散地块或是零散的小型生境进行整合并纳入绿道中。如此既可以丰富城市绿道的生境类型，又有助于提高城市绿地结构的完整性（见图 6－13）。

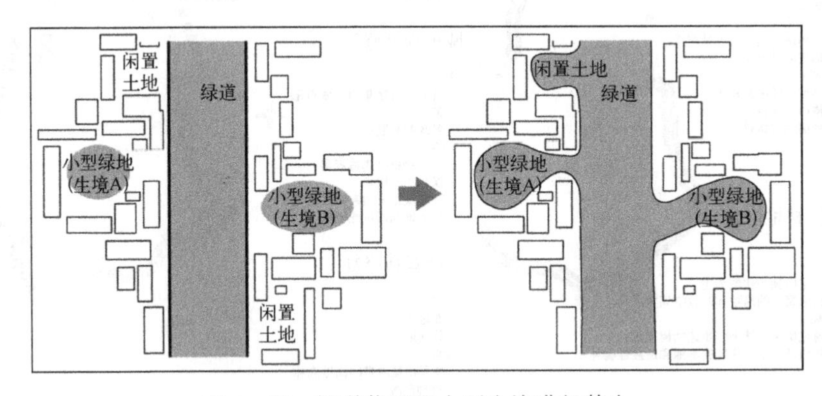

图 6－13　绿道将周围小型生境进行整合

6.3 微观尺度绿道植物多样性营建策略

6.3.1 乡土植物营建策略

城市绿道的植物选择要以乡土性植物为主,尽量减少外来物种的大量引进,发挥乡土植物的生态优势,营造具有可识别性的、地域性特色的城市绿道景观。乡土植物是经过长期自然选择、与本土气候和周围环境相适应的植物种类,在很多方面具有优势,如生态价值、生物多样性保护以及城市生态系统的维持等方面。

其一,乡土植物能忍耐当地恶劣的生态环境,对光照、土壤、水分的适应能力强,苗木成活率远高于外来植物,易于粗放管理,种植后不需要经常更换,可以降低绿道的前期建设费用和后期维护费用。其二,乡土植物能够适应当地环境,在自然环境中健康生长,且不会影响场地中原有植物的正常生长,种植后能与原有植物形成稳定的植物群落。其三,与外来植物相比,乡土植物能够更好地提供生态系统服务功能,改善该区域的生态环境。其净化和抗污染能力更强;庞大的根系能调节地温、疏松土壤、增加土壤中的腐殖质含量;不易发生病虫害,而且对病虫害的传播能起到较好的阻隔作用;还能为动物提供栖息地,提高生物多样性,吸引更多的哺乳动物、爬行动物、鸟类和昆虫等来此栖息。其四,乡土植物还是表达地域性景观特色的重要媒介。乡土植物的个体特征和群落特征是在当地生态系统影响下形成的,是当地气候、土壤、光照、水分、地质条件等因素的综合体现,这是外来物种所不能体现的,而且乡土植物所承载的记忆和文化内涵,也是外来物种所无法表达的。

在深圳大运支线绿道中,位于梧桐山风景区和荷坳森林公园组团之间的区域存在生态廊道薄弱、断裂的情况,这里的栖息地破碎化程度较为严重,生态环境也较差。在恢复和构建生态廊道时,可以参考这条绿道沿线附近的自然植被群落的组成和结构,进行乡土树种的选择,形成最适合当地条件的地带性植被群落。在植物景观配置方面,可仿照当地自然群落的结构,构建乔、灌、草结合的乡土多样化生境。

水牛河漫步道利用绿道建设作为契机，改善了城市废弃地的恶劣环境，重新焕发了滨河绿地的生机。该场地位于美国休斯敦市的布法罗河道，沿河道总长1.9 km，总面积9.3万m^2。然而城市的蔓延扩张逐渐失去了控制，严重破坏了河道的生态环境，布法罗河道逐渐被当成一处开放的污水排放点，生态环境非常恶劣（见图6-14）。

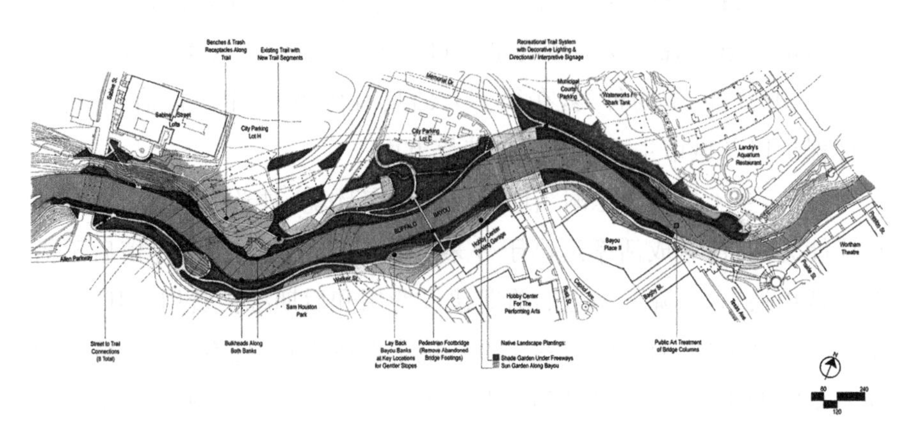

图6-14　水牛河漫步道平面图

（图片来源：www.asla.org）

承接水牛河漫步道整改项目的SWA设计事务所的设计旨在重新建立河流与城市之间的联系，将这条被孤立的河流重新融入城市环境中，并发挥其生态和休闲功能，建成安全又宜人的城市绿色开放空间。在种植设计方面，优先选择具有本地特色的，能够适应河岸生态条件的植物，场地共种植超过30万株植物，其中包括树木640棵。设计保留了场地中的本土植被，许多入侵植物如日本忍冬、双花草、乌蔹莓等皆被乡土植物所替代，这些乡土植物也有更好的耐洪涝特性。设计也采用了一些有助于保持水土的深根性植物，如路易斯安那鸢尾、翠芦莉以及本土的蕨类植物等，目的是恢复植物的多样性（Hung et al.，2011）。

美国圣安东尼奥河改造项目在规划之前对场地的现有林地（见图6-15）进行过详细调查，对场地内现有植物的种类、位置、健康状况都做了准确的记录，并按照生态价值的高低划分植物的等级。例如硬

图 6-15　圣安东尼奥河保留的植被现状
（图片来源：http://www.minube.com/fotos/rincon/517651/3102721）

叶榆、橡树、黑胡桃、美洲山核桃等生态价值较高的乡土阔叶树，必须保留下来，改造组还对这些植物进行了有针对性地设计。而豆科灌木、合欢、朴树等生态价值稍低的一些树种，在条件允许的情况下，也要尽可能地保留下来（Johnson，2003）。

6.3.2　群落自然演替策略

自然状态下的森林群落演替开始于草本或者其他外来物种的入侵，随着时间的推移，它们被灌木和速生先锋树种所取代，经过一段时间，灌木和先锋树种又被顶级树种，如橡树、枫树、山毛榉等取代。植物群落一旦成熟就达到了“稳定状态”，顶级植物会一直存在并进行自我更新。森林群落会形成复杂的结构，上层是顶级植物形成的林冠，下层是小一些、可适应半阴环境的下层乔木和灌木，最底层是草本、蕨类和苔藓植物。动物也会随演替过程而发生变化，演替早期阶段出现的物种会逐步被其他生物类型所替代，动物多样性在早期阶段趋于最大，后期逐渐稳定或者有所下降（哈夫，2012）。

绿道建设中的群落演替不可能像在自然状态下那样让群落完成整个演替过程，那可能需要几十年甚至上百年的时间。但是，绿道的植物群落构建，也应该遵循植物自然演替的原理和规律，以生态的视角而不是传统园艺方法去推进植物的演替过程，构建群落结构，恢复其生态功能。

对于城市绿道内已经处于自然演替过程中并且进展良好的植物群落，应该维持其中植物的自然演替状态，避免大面积地改变群落的植物类型和结构，保护群落中自然更新的幼苗，改善幼苗的光照条件和生长空间，为其创造适宜的生长环境，保证植物群落向健康的方向发展。

对于城市绿道内重新种植或者处于次生演替过程中的植物群落，在尊重植物自然演替规律的基础上，通过适当人工干预的方式，推动群落的演替进程，优化调控群落结构，可促使群落朝良好方向发展。在选择植物物种时，应考虑选择处于自然演替前一阶段的某些物种，这有助于加快演替进程。在必要时适当进行人工干预，清理影响其他植物生长的有害植物，适当地疏伐乔木，适当地定期修剪植物的枯枝和病枝，去除一些弱小病态的植株，有助于强壮的植物健康生长。

若对景观整体效果影响不大，也应适当保留群落中一些竞争力不强的杂草和植物凋落物，它们可以作为分解者的能量和物质来源。其腐烂形成的养分能够供应植物生长需要，促进植物的自然循环过程。而且植物的凋落物还具有防止水土流失、改善土壤结构的功能。

例如，德国柏林萨基兰德自然保护公园是由城市废弃车站改造成的，场地原是坦佩尔霍夫（Tempelhof）车站的铁路货运编组站，但到1952年完全关闭，之后这个区域成了无人之地。该废弃地经过数十年的闲置后，场地里长满了自然生长的白桦林、白杨和洋槐等植物，形成了各自较完整的动植物群落（见图6-16）。

经过相关专家对该废弃铁路货运编组站气候、土壤、植被等方面的详细调查，结果显示，该场地在长期闲置的过程中，已经成为植物群落类型多样、生物多样性丰富的自然区域。因此，政府决定最大限度地维持该区域的自然演替过程，尽量不改造或者减小改造对该区域生态环境的影响。公园中的步行交通系统尽量采取架空的方式，减小人类活动的干扰，有些区域甚至禁止游客进入。同时，在植物生长的必要阶段，进行适当的人为干预，控制那些过分生长的、具有明显侵略性的优势植物物种，保护处于劣势的物种，为其创造适宜的生长条件，维持群

图 6－16　萨基兰德公园中自然生长的植物
（图片来源：http：//www.landezine.com/index.php/2013/02/）

落的平衡和稳定。萨基兰德公园也因为其区域内自然演替过程，成为一处独特的绿道景观（见图 6－17）。

图 6－17　萨基兰德公园中的植物自然演替
（图片来源：http：//www.landezine.com/index.php/2013/02/）

6.3.3　生境保护和恢复策略

6.3.3.1　生境的保护

生境的形成是生态系统长期进化的结果，城市绿道建设应该因地制宜，保留场地生境的原生性特征，尽量避免大规模地改变和破坏原有生境，因为此举可能会导致生态系统的崩溃。生境的原生性是相对于次生生境和人工生境来说的，属于天然性的生态群落生境。由于原生生境是在没有人类干扰的情况下，通过自然演替自发形成的与物理环境高度适宜的栖息地，因此生境格局具有天然性、稀有性、完整性和多样性等特征：

(1) 原生生境是天然的，在人类干扰广泛存在的状态下具有高度的稀有性，在生境中多以残留景观格局存在。

(2) 原生生境在群落物种数、物种多样性上不如次生生境，但在物种优势度、群落高度以及个体生物量等方面都高于次生生境。

(3) 生物在原生生境中具有很高的生境适宜性和质量特征。

(4) 原生生境具有高度完整性的特征。而次生生境和人工生境都是景观干扰后的产物，景观的异质性高于原生生境，比原生生境的破碎度高(王云才，2014)。

保护生境的原生性，主要是保护生境中现有的组成要素，包括生境的地形地貌、土壤、植被等要素。尽量减少人为改变和破坏，避免"铲平重建"的现象发生。其中，对现有植被的保护是原生生境保护的重要方面之一。从生态角度看，场地现有植被是经过自然优胜劣汰、环境选择的结果，其生态的丰富性和复杂性远远超出人为的设计能力，与周围的昆虫、鸟等动物共同形成了较好的生态平衡，具有较高的生态价值；从景观美学角度看，它们代表着自然状态下的美学效果，是人工种植难以模拟的。所以，绿道建设中应该保留场地中生长状态良好的原有植被并加以利用，以加速绿道生态系统的构建。例如悉尼高线公园在设计时没有将原场地铲平进行重建，而是将铁轨、砾石、土壤等废弃铁路场地上原有的要素保留下来，从而保护了植物原有的生境(见图 6－18)。体现场地和地域性特色的植物可以继续健康生长，不会受到过多人为因素的干扰。

6.3.3.2 生境的恢复

气候、日照、土壤、地形、水分、生物(动物、植物、微生物)等植物周

图 6-18　悉尼高线公园原生生境的保护
（图片来源：佛罗莱恩·格诺恩,2016）

围的一切因素组成了植物的生长环境。它们所发挥的各种主要或次要、有利或有害的生态作用对植物的种植类型、群落组织以及生长演替都会形成重要影响。所以对于已经被破坏的生境,需要通过恢复植物生长的气候、土壤、地形、水分等生态因子来模拟原来的自然生态系统中的组成和结构,遵循自然内在秩序,形成和提供植物及群落生长演替的环境条件和空间。

1. 土壤恢复

土壤是植物生长和繁殖的基础。在其他条件相同的条件下,土层厚、肥力高、酸碱度适宜的土壤更有利于植物的健康生长。对本身土壤条件良好的区域来说,保护土壤的原生性尤为重要。而对那些土层薄、土壤贫瘠、水土流失严重,或者土壤的质量与肥力降低的区域来说,需要对土壤进行生态恢复,包括对土壤类型、土壤退化的程度和特点进行分析,并通过一定的措施和技术手段使土壤环境得到改善且有利于植被恢复。例如,如果城市土壤密实度过高、持水能力差、通气性低,则扎根其中的植物生长状况必然较差,这时可以往土壤中掺入多孔性有机物,如碎树枝和腐叶土或少量粗沙等,以增加土壤的蓄水能力并改善通气状况。

2. 水体恢复

水作为生境基本要素之一，与植物生长直接相关的重要生态因子，是植物体的主要组成成分。水分会影响植物生长发育的周期和长势。以水分为主导因子可以将植物分为旱生树种、中生树种和湿生树种。因此，针对不同类型的植物，特别是对喜湿的植物，要提供适宜的水体环境。在平面上，尽量保持水体的自然弯曲形态，增加岸线的长度，为湿生植物提供更多的生境空间。在剖断面上，可为不同的水生植物创造多样的水深环境。浮水植物、沉水植物、挺水植物对水深有不同要求，30～100 cm 是适合挺水和浮水植物生长的深度范围，而湿生或沼生植物种类仅要求 20～30 cm 的浅水即可，否则会影响生长。

3. 地形恢复

地形是形成自然生态系统的基础，可以通过平地、坡地、洼地等地形的设计来恢复自然生态系统，创造适合植物的生长环境。

1）平地

平地是城市绿道中最常见的类型，一般情况下，平地的土壤条件较为肥沃，适宜的植物最多。但是为了排水需要，在平坦的地形上也需要有一定起伏，坡度以 3%～5%为宜。自然、柔和、起伏的地形保证了不耐水湿的植物能良好生长。

2）坡地

坡地会在局部形成小气候，对光、热、土、水、肥等生态因子均产生一定影响。坡度的营造可以形成不同的立地条件，适合不同植物生长。坡地可以分为阳坡和阴坡，阳坡光照强，土温、气温高，土壤较干，土层也较薄，适合喜阳耐寒的植物群落；阴坡则正好相反，适合中性或者耐湿的植物群落，因为相对来说阴坡温度低，土层一般较厚，湿度也较大。不同的坡向随着干、湿季的变化，土壤中的水分差异也十分明显，可以满足不同植物对水分等因素的需求。同时，坡地按照倾斜的坡度可分为缓坡、中坡和陡坡。这些因素不但会形成不同的小气候条件，还会影响水土保持或流失的情况，也会对植物的生长和分布产生直接或间接的影响。例如，植物的生长情况常常会受到地形的走向、宽窄、深浅变化等因素的影响。因此，地形恢复时应该因地制宜，尽量恢复不同坡度的坡地，如此有助于形成不同的植物生长环境。

3）洼地

洼地可以作为截留雨水的暂时存储空间，并且随着洼地周围地形坡度的微妙变化，可以形成干、湿、半干、半湿等差异明显的边缘，以满足不同植物对水分的需求。通过洼地储存的雨水有利于保持场地内水循环系统的完整性，营造丰富的生境。

6.3.4 生境面积适宜性策略

表现面积是植物群落的一项基本指标。表现面积是群落的组成、结构和影响群落学过程的各种环境因子得以呈现出来的最小面积，是群落能够正常发育且保持一定稳定性的基本要求。因此，对每一种植物群落来说，一定的分布面积是必要的，如果规模过小，则群落环境根本无法形成。在园林景观中，单个、单行或零星分布的植物及小面积的群丛片断都是十分常用的，但这些种植方式无法体现群落的基本特征，更不能形成一定的群落环境。对于绿道来说，无论是从植物本身的生长发育、生态效益的发挥，还是单纯就视觉效果来看，一定的规模和分布面积都是必需的。植物群落的面积直接受生境面积的影响，因此生境面积的合理和适宜有利于植物群落的功能表达。

在生态学研究中，自然斑块中物种的多样性与其面积成正相关，大致规律是面积增加 10 倍，物种增加 2 倍；面积增加 100 倍，物种增加 4 倍。即面积每增加 10 倍，所含物种数量以 2 的幂函数增加，2 为平均值，其数值通常在 1.4～3.0 之间，不过面积并不是影响物种数量的唯一因素。如表 6－6 所示为自然生境规模与生物多样性的关系。对于陆地景观而言，斑块的物种多样性(S)与以下因子相关：

S＝f(＋生境多样性，－(＋)干扰，＋面积，－斑块隔离程度，
＋年龄，＋基质异质性，－边界不连续性)

式中，“＋”表示与物种多样性呈正相关；“－”表示与物种多样性呈负

相关。

表 6-6　自然生境规模与生物多样性的关系

自然生境规模	生物多样性一般特征
1 万 m^2	① 可支持 50～90 种植物，但如果是大面积的草地生境则减少 10～24 种；② 植被良好的场地可作为 4 种以上小型哺乳动物的栖息地(其种群密度为 30～60 个/万 m^2)，在城市近郊处，这些场地可成为狐或獾等大型哺乳动物的活动范围；③ 以林地为主的场地可支持 10 种以上的鸟类繁殖，习惯于人类活动干扰的种类将成为优势种，当场地为狭长形或缺少灌木丛等隐蔽处时，鸟类的数量会减少；④ 可支持 1～5 种蝴蝶繁育，通过食源和生境结构的建设可以增加这一数量，实地调查中最高可达 21 种；⑤ 如果水体面积占场地面积的一半，可以支持 4 种左右的两栖类动物繁育
10 万 m^2	① 可支持 200～300 种植物；② 适合所有喜爱浓密草地的小型哺乳动物栖息，当浓密植被高于 0.5 m 时，其群落密度可达 300～600 个/万 m^2，狐或獾等大型哺乳动物可在此类场地生存，但并不以此为唯一的活动区域；③ 以林地为主的场地可支持 20 种以上的鸟类繁育，包括肉食性的鸟类，如猫头鹰等。当食源和隐蔽处充足时，鸟类数量可增加 2～4 倍，密度可增加 2～6 倍；④ 较好的植被状况可支持 10～25 种蝴蝶繁育，通过食源和生境结构的建设可提高这一数量
100 万 m^2	① 可支持绝大多数的本地植物种类，包括常见种和特殊种；② 足够大的领域范围和植被缓冲作用的增加为大型哺乳动物和肉食性鸟类的栖息提供了充分条件，此场地规模可完全覆盖狐或獾等大型哺乳动物的活动范围(如果干扰较少，还可以建立一个小且稳定的种群)；③ 可支持 40～50 种的鸟类繁育，包括肉食性鸟类，场地形状对某些鸟类的繁育有不可预计的影响，参观和交通的干扰对鸟类数量有负面影响；④ 支持林地生态系统的绝大多数物种

注：内容根据邓毅在 2007 年的资料整理。

由于绿道中生境的面积受到城市用地限制，不可能无限增大以容纳大量的植物，因此，划定适宜的生境面积对于平衡用地面积和植物多样性两者之间的关系，在有限的面积内获得最大的植物多样性效益具有重要价值。

根据岛屿生物地理学理论，样地面积和物种数量之间存在最小面积点。在达到最小面积点之前，随着面积的增加，物种的数量将持续增长，但是在达到最小面积点之后，随着面积的增加，物种数量增长并不明显。例如，对美国新泽西州老橡树林地树种多样性的研究表明，虽然生境面积是物种多样性的决定性因素，但是不同种群对生境面积大小的反应会不同。在 1.5 万 m^2 面积范围内，树种的多样性随面积的增加而增加；在面积超过 1.5 万 m^2 时，增长趋势减缓。栖息地最小面积的计算可参考自然保护中的方法，首先是目标种或关键种的确定，然后根据它们的种群密度和最小存活种群确定最小生物面积，同时，地理、气候和生物条件也是需要综合考虑的部分。

因此，最小面积点可以作为生境面积选择的参考依据。针对绿道中不同植物群落的类型，通过调查研究确定不同群落需要的最小面积，根据群落最小面积来营造适宜的生境面积，从而平衡用地面积和植物多样性的关系，以实现比较理想的观赏价值和生态效益。

6.4 小结

本章主要从宏观、中观、微观三种不同尺度，阐述城市绿道植物多样性的营建策略。从宏观尺度提出城市绿道网络的构建策略，利用绿道间的相互连接，构建保护动植物多样性的城市绿道网络。从中观尺度提出空间连通性策略，为植物扩散提供连续性通道；宽度适宜性策略有利于维持生物多样性，对于河流绿道来说能发挥其绿道的生态服务功能；生境类型多样性策略则可为植物创造多种不同的栖息环境。在微观尺度上，提出了乡土植物营建策略，有利于实现动物多样性，营造地域性景观特色；尊重群落的自然演替过程，有利于植物群落结构稳定；原生生境保护和恢复策略能够为植物创造适宜的生长环境；生境面积适宜性策略有利于群落功能的表达。

第7章

基于社会驱动因素的植物多样性策略

7.1 建立风景园林师主导的多学科合作模式

城市绿道的植物多样性营建是一项需要多学科配合进行的工作，根据以往的经验，单靠风景园林师的力量很难独立完成。这就需要组建一支由风景园林师主导的，包括规划师、生态学家、植物学家、气候学家、土壤学家等在内的多学科、综合性团队。与各学科单独工作相比，多学科的合作可以形成一种互补合作的关系，并结合各专业领域的特点，充分发挥各自的优势，从而推动整个项目顺利进行。密切的合作交流，不仅能在很大程度上提高效率、节约资源和防止资金浪费，还可以使最终的成果更加切实可行，确保项目的多个综合目标的实现。

从以下三个方面入手，可以有效地推进多学科合作模式：① 统一指导原则的制定。不同学科团队在项目实施前期，应结合本专业的特点，从不同角度提出城市绿道植物多样性的营建策略和方法，并通过多次的沟通和讨论，最终形成各方认可的指导性原则，作为之后项目实施的依据。指导性原则可以统一不同学科的工作方向和目标，避免后期出现大的分歧。② 风景园林师主导，发挥各学科的优势。风景园林是一个综合性学科，风景园林师在处理各个层面的问题时，其视野会更具宏观性和全面性。因此，风景园林师应该在团队中发挥主导性作用，对项目进行统筹规划和协调。同时，应该根据每一个学科的专业特征及专业知识，合理使用人才，取长补短，将人力资源最大化利用。③ 提高学科团队间的合作。各学科团队的交流探讨应该在工作中贯穿始终，从而避免因沟通缺失而导致的衔接不畅。

由风景园林师詹姆斯·科纳(James Corner)主持的设计师事务所James Corner Field Operation主导了纽约高线公园的设计，一支多学科合作的专业团队也借此机会组建起来。其中迪勒·斯科费迪欧和伦弗罗建筑设计事物所(Diller Scofidio＋Renfro)担任辅助设计，荷兰著名的园艺师皮特·奥多夫主要负责植物设计。

7.2 设置专门的管理机构

城市绿道的植物多样性建设和管理方面存在诸多问题。首先，政策制定以及主管部门常无法达成共识，如城市绿道的网络规划政策通常由政府和规划行政主管部门协同编制，其中植物多样性方面的政策也由相关部门完成，而绿道具体实施管理的主管部门常常是园林绿化部门，因为部门的不一致，所以政策间协调性差。其次，不同管理机构制定的植物多样性保护政策存在冲突。比如地方政府和规划行政主管部门制订的植物多样性规划方案，与国家林业部门或者环保部门制定的保护政策之间存在冲突，导致建设中会出现各种问题。再次，绿道建设完成后，植物多样性的管理工作涉及地方政府、城市建设部门、园林绿化部门、林业部门、水利部门、环保部门等多个部门，常常出现职责划分不明确，管理上存在漏洞的状况。最后，在规划实施过程中，不同集团的利益纷争也无可避免，多方利益团体持有各自的利益诉求导致对政策间的协同性以及规划实施的力度造成负面影响。涉及的利益团体主要有政府、企业、行政部门、政策的实施主体、土地使用者或所有者、普通群众等。

因此，针对目前管理中出现的问题，以及植物多样性建设管理工作专业性和长期性的特点，应该设立专门的永久性部门进行管理，保证植物多样性的实现。专门的永久性管理机构的设立将十分有效，其优点如下：不受压制地直接管理和协调各政府相关部门；以更高的效率更专业地领导绿道植物多样性的营建，比如成立专家咨询团队来负责上下双向的管理工作，向群众介绍植物多样性营建方案和向设计者传达民众意见等；政府换届将不影响永久性的管理机构，避免了管理和维护工作的停滞（黄冬蕾，2016）。

7.3 制定相关政策法规

从本质上讲，绿道植物多样性的实现与直接建设者、开发商存在潜在的矛盾。绿道植物多样性的实现是一个长期过程，需要几年甚至十几年才能发挥其生态、社会等公共效益，而建设者和投资方往往注重短期效益，期望在短时间内看到效果。这导致植物多样性在实际建设中往往得不到足够的重视，或者为其他产生经济利益的建设项目让路，这就增加了绿道植物多样性实现的难度。因此，需要制定相关的政策和法规，以保证植物多样性能够顺利实现。

7.3.1 宏观政策的落实

保证宏观政策在绿道植物多样性建设中的落实。我国早在 1992 年就签署了《生物多样性公约》，之后先后颁布了《中华人民共和国野生植物保护条例》《关于加强城市生物多样性保护工作的通知》《全国生物物种资源保护与利用规划纲要》《全国生态功能区划》《中国生物多样性保护战略与行动计划》以及《全国生态脆弱区保护规划纲要》(2011—2030)等一系列保护生物多样性的法规和政策文件。而这些国家层面制定的宏观法规和政策往往不能落实在实际城市绿道建设中，不能对绿道植物多样性营建起到法律约束或者政策指导的作用。因此，绿道建设中应该严格遵循相关保护政策中的目标和原则，将目标和原则落实到绿道的植物多样性保护中，真正实现宏观政策对绿道植物多样性建设的指导意义。

7.3.2 具体政策的制定与实施

地方政府需要加快绿道植物多样性保护和管理的立法工作，通过制定政策和法规保证绿道的植物多样性实现。各层级立法作用应最大限度地发挥，建立与强化相关行之有效的基本法律制度来为绿道植物的多样性保护护航，可从科学决策、监督机制、目标责任制、责任追究等方面入手。

作为全球 36 个生物多样性热点地区之一，澳大利亚的珀斯为了解决生物多样性保护与城市发展之间的矛盾，出台了“永远的丛林”(bush forever)生物多样性保护计划。该计划的目的是保护珀斯城市中现有的植被资源，如天鹅滨海平原丛林地等一些重点区域已被列为永久性保护计划中。天鹅滨海平原地区的 26 个原生植被群落中 10%的群落，以及其他一些濒危生物群落被有效保护了起来。该计划保护了具有较高生态价值的丛林地，总面积约51 200 万 m^2 。能代表某生态群落的稀有性与多样性的区域，或湿地、河流和滨海植物区等可维持自然生态系统进程的重要性区域都在该计划的入选范围内。选定的场地在该计划中被分区和分类，进而依据分区特征设置相应的保护策略，如互补机制（土地所有者和政府需要签订关于农业用地的协议）、规划协商策略（主要针对未来存在被开发风险的丛林地和非农业用地）、保留策略（主要针对区域内的公园和其他休闲用地）和其他保护策略与方法（赵彩君，2011）。

7.4 加强公众和社会组织的参与

公众和社会组织的参与可以在城市绿道的植物多样性营建方面发挥不可替代的重要作用。项目在设计过程、决策过程和实施维护等各个阶段，都应该鼓励公众和社会团体参与进来，使其成为一种积极的社会推动力量。

7.4.1 加强公众参与

作为绿道的使用者，公众也是设计师和决策者最为直接的现场资料的获得来源，他们对当地的水文地理、动植物等地方特色的了解能增加设计的落地性。公众的参与能帮助设计团队整合出更加合理和有效的植物多样性设计方案。同时，公众的参与有利于公众认可和关注这个项目，在公众自身利益与项目对接一致后对项目的顺利实施有很大的促进作用。

7.4.1.1 促进设计过程的参与

设计过程的参与旨在促进多方交流，对现场加深了解。一般通过调查问卷、研讨会等多种渠道获得并考虑公众的设计建议。

（1）调查问卷：通过网络电话、现场调查等方式根据预先拟好的一系列问题向特定对象进行信息搜集。信息的特征是量大而高效的，但因为被字面解读时也存在一定偏差，故缺乏深入度和可靠性。

（2）实地考察：通过对当地民众进行采访，结合场地信息和公众意见，设计者能更直观深入地了解场地，获得场地的一手信息。

（3）研讨会：公众、设计师和项目决策者之间通过研讨会的形式，针对项目设计中存在的一些问题进行直接深入地沟通和交流，能促使双方在相关问题上达成一致。

（4）公众代表参与设计：通过设计师与公众代表在设计过程中的意见交流和反馈，最大限度地让公众的实际需求得到满足，设计的专业性和落地性将大大提高。

在新奥尔良的拉菲特绿道及廊道复兴规划中，社区居民尤其是廊道沿线的社区和组织都参与到设计过程中，参与的方式包括 3 场公众会议、8 场公众演讲、75 次股东会议、网络调查以及由居民组成的 12 个团队参与的“芯片游戏”(clip game)。“芯片游戏”以合作演练的形式让社区居民给出建议，内容涉及公园设施的类型、与绿廊相适应的景观效果等。游戏的设计基础来源于廊道沿线 13 583 位居民对公园方案的建议。基于“芯片游戏”的结果，顾问团队制定出当地公园设计的标准，这一标准可以用作未来城市中其他公园的规划指南（见图 7－1）。

图 7－1 公众参与绿道建设
（图片来源：www.asla.org/2013awards/328.html）

7.4.1.2 促进决策过程的参与

决策过程的参与有以下几种方式：① 模型设计和图纸展示。在设计中后期向公众公开展示项目的图纸和模型，便于使公众了解项目以及反馈意见。② 听证会。在设计中后期，组织由公众、设计者和项目决策者参与的会议，在听证会上公众可以了解设计内容，并得到反馈和相应的裁决。③ 公众投票表决。若项目进行过程中出现分歧，可以通过现场或者网络等形式来进行民主投票，公众是城市绿道项目的使用对象，公众的参与有助于解决矛盾。公众的态度直接影响决策，是民主价值和意义的体现。

7.4.1.3 促进实施维护的参与

公众可以以志愿者的形式协助项目的施工和维护，为项目提供建设、维护的劳动力或管理团队。树木的日常养护有了志愿者团队的参与，能更加地及时有效，大大节约了相关部门的财力投入，而且可以获得更好的效果。公众也可以通过亲手栽植和管理植物，获得植物方面的相关知识，提高植物多样性的保护意识。

“亚特兰大城市环路上的艺术”是亚特兰大城市环路绿道建成后推进的一项社区活动，这个活动已经开展了很多年。活动包括志愿参与“亚特兰大植树”(一个本地的非营利性组织)的周六植树活动，参加沿东侧道路的 5 km 长跑比赛，或是参与企业赞助的清洁活动。社区居民都在积极参与亚特兰大城市环路项目。该志愿者活动提高了公众的绿道保护意识，成为公众参与绿道管理的典范(见图 7－2)。

7.4.2 利用社会组织的力量推动植物多样性保护

周边市民和相关利益群体构成的社会公益组织也是推动绿道项目实施的至关重要的力量。其中一些对整个项目情况比较了解的不同专业背景的人群，能够通过赞助、招募志愿者、专业研究和调查等方式有效地推动绿道植物多样性的实施以及后期的管理维护。

图 7-2　公众参与的植树活动
（图片来源：www.treesatlanta.org）

这种方式有明显成本优势，因为民众对自身健康环境有需求，故有志愿者和周边居民自发参与这样的组织，所以管理成本相对低廉，公众满意度高（因为该群体代表与项目直接相关的群体意见）。

美国费城的贝尔蒙特高地步道联盟（Belmont Plateau Trails Alliance）是一个社会性非营利组织，他们会利用节假日的时间定期开展活动，组织志愿者参与到菲尔芒特公园的植被维护中，包括处理场地内倾倒的树木，清理场地内的垃圾、杂草，这对促进公园植被的健康生长起到了积极的作用（见图 7-3）。

图 7-3　志愿者清理场地内倾倒的树木
（图片来源：http://phillypedals.com/）

7.5 建立资金保障体系

绿道建设本身是一项公益性项目，依靠绿道自身经营去解决绿道植物的建设和管理问题在短期内难以实现。在绿道的实际管理和维护过程中，地方政府尤其是主管部门普遍反映相关资金缺乏，经费渠道缺乏保障(蔡云楠，2013)。绿道建设与管理经费缺乏长期性制度保证会对绿道的植物多样性管理和维护带来负面影响。

7.5.1 建立绿道植物多样性专项资金

建立绿道植物多样性方面的资金管理体制，申请财政或专项资金的支持。专项资金的使用应与生态环境保护资金、生态公益林补助资金、水土流失治理资金、河道治理和小流域治理资金等相关生态建设项目资金结合起来，从中提取一定比例形成绿道植物多样性建设的专项资金。

7.5.2 建立和完善多元化的融资渠道

建设和维护的资金可以通过以下几种方式获得。

7.5.2.1 公共部门

作为城市绿道管理的主体，政府公共部门通过公益基金项目获得政府的支持，或者政府直接参与项目为绿道的建设提供主要资金。

7.5.2.2 私有部门

私有部门掌握大量的金融资本，故其成为除了公共部分各类融资外的主要融资对象。游憩设施是绿道通常需要建设和经营的内容。通过相关的许可制度，引入私有部门参与其中，就可获得可观的资金支持。获得许可后的私有部门也可反过来经营绿道或通过许可费来获得绿道的部分营业利润。

7.5.2.3 捐赠

捐赠是绿道融资的关键手段。绿道建设带有公益性，是企业通过捐赠实现自我价值、获得满足感的极佳机会，因此捐赠成为实现双赢的一种融资方式。捐赠分为个人捐款和企业捐款，在国外个人捐赠占很大比例，其形式较多，比如现金捐赠、提供相关策划方案等。

7.5.2.4 长期基金会

不同于前面所述的融资渠道，建立一个长期基金会相对更稳定，能可持续、安全地维护和管理绿道中的植物多样性。与绿道有关的各种收入都应尽可能纳入基金会以储备起来，并通过对各种资本的运作和基金的经营来获得收入（蔡云楠，2013）。

7.6 小结

本章主要基于社会驱动因素方面，提出城市绿道建设的植物多样性策略，具体包括建立多学科合作模式、设置专门的管理机构、制定相关政策法规、加强公众和社会组织的参与、建立资金保障体系这五个方面，期望通过社会因素的驱动力量，保障城市绿道植物多样性的顺利实现。

参考文献

阿尔瓦雷斯,格拉韦尔,利普斯科姆,等,2013.城市景观基础设施廊道设计：美国亚特兰大城市环路[J].景观设计学(6)：92－101.

白鹤,芦建国,冉冰,2015.自然野趣的植物景观营造：以纽约高线公园为例[J].云南农业大学学报(社会科学),9(6)：116－122.

包维楷,陈庆恒,1998.退化山地植被恢复和重建的基本理论和方法[J].长江流域资源与环境,7(4)：370－377.

贝内迪克特,麦克马洪,2010.绿色基础设施：连接景观和社区[M].黄丽玲,朱强,杜秀文,等译.北京：中国建筑工业出版社.

蔡妤,2017.基于植物扩散格局及其外界影响因子的北京绿道生态群落模式构建研究[D].北京：北京林业大学.

蔡云楠,方正兴,李洪斌,等,2013.绿道规划：理念·标准·实践[M].北京：科学出版社.

车生泉,2001.城市绿色廊道研究[J].城市规划,25(11)：44－48.

陈波,2005.国外城市生物多样性保护的几种途径[J].广东园林,27(6)：20－23.

陈婉,2008.城市河道生态修复初探[D].北京：北京林业大学.

陈媛,2010.城市鸟类与园林植物关系研究[D].重庆：西南大学.

达良俊,杨永川,陈鸣,2004.生态型绿化法在上海“近自然”群落建设中的应用[J].中国园林(3)：38－40.

戴菲,胡剑双,2013.绿道研究与规划设计[M].北京：中国建筑工业出版社.

董哲仁,2013.河流生态恢复[M].北京：中国水利电力出版社.

豆俊峰,2002.重庆城市绿地景观生态建设[J].重庆建筑大学学报,24(4)：

7－10.
窦维薇，2007.京杭运河江苏段景观规划研究[D].南京：南京林业大学.
范俊芳，文友华，2007.南昌艾溪湖滨水鸟类栖息地的景观设计[J].湖南农业大学学报，8(6)：64－67.
佛罗莱恩·格诺恩，2016.悉尼高线公园[J].风景园林，78－85.
福赛思，穆萨基奥，2007.生态小公园设计手册[M].杨至德，译.北京：中国建筑工业出版社.
付斌，1985.冈山市西川绿道公园（日本）[J].世界建筑，(2)：28－29.
傅伯杰，陈利顶，马克明，等，2011.景观生态学原理及应用[M].2 版.北京：科学出版社.
高育剑，2004.近自然林业在山体绿化规划设计中的应用[J].浙江林业科技，24(2)：20－24.
古焕军，2012.森林公园林分改造措施探讨[J].农业与技术，32(5)：125.
郭巍，侯晓蕾，2011.城市绿色廊道的生态规划方法探究[J].中国人口：资源与环境，21(3)：466－469.
哈夫，2012.城市与自然过程：迈向可持续性的基础[M].刘海龙，贾丽奇，赵智聪，等译.2 版.北京：中国建筑工业出版社.
韩玉玲，岳春雷，叶碎高，等，2009.河道生态建设：植物措施应用技术[M].北京：中国水利水电出版社.
何昉，康汉起，许新立，等，2010.珠三角绿道景观与物种多样性规划初探：以广州和深圳绿道为例[J].风景园林(2)：74－80.
侯森，2009.自然与都市的融合：波士顿大都市公园体系的建设与启示[J].世界历史(4)：73－85.
胡剑双，戴菲，2010.中国绿道研究进展[J].中国园林，26(12)：88－93.
胡静，杨树华，杨礼攀，2003.宫胁法的原理、步骤及其在滇西北地区植被恢复中的应用[J].云南林业科技(2)：35－38.
黄冬蕾，2016.城市绿色生态网络构建策略研究[D].北京：北京林业大学.
江晓薇，2012.基于生态恢复的城市滨水开放空间规划设计研究[D].杭州：浙江农林大学.
姜汉侨，段昌群，杨树华，等，2010.植物生态学[M].北京：高等教育出版社.
金经元，2000.明日的田园城市[M].北京：商务印书馆.
乐能生，2016.森林培育过程中的森林抚育间伐措施探讨[J].低碳世界(12)：250－251.
李昌浩，2005.绿色通道(Greenway)的理论与实践研究[D].南京：南京林业大学.
李昌浩,朱晓东,2007.国外绿色通道建设进展及其对我国城市建设的启示[J].世界林业研究,20(3):34-39.
李洪远,马春,等,2010.国外多途径生态恢复40案例解析[M].北京:化学工业出版社.
李莉,姜允芳,2014.国内外城市河流绿道的理论与实践研究进展[J].中国人口资源与环境(S1):309-312.
李玲璐,张德顺,2014.基于低影响开发的绿色基础设施的植物选择[J].山东林业科技,44(6):84-91.
李涛,2011.从废弃的高架铁路到纽约市民的公共大阳台[D].南京:南京林业大学.
李团胜,石玉琼,2009.景观生态学[M].北京:化学工业出版社.
李许文,叶自慧,宁阳阳,等,2015.广东珠三角地区典型景观大道植物景观调查及评价[J].中国园林,31(12):98-101.
李昱敏,2015.铁路废弃地的景观更新设计对策[D].北京:北京林业大学.
李振基,陈圣宾,2011.群落生态学[M].北京:气象出版社.
林箐,王向荣,2005.地域特征与景观形式[J].中国园林,21(6):16-24.
林箐,王向荣,2009.风景园林与文化[J].中国园林,25(9):19-23.
林文雄,2007.生态学[M].北京:科学出版社.
刘滨谊,王鹏,2010.绿地生态网络规划的发展历程与中国研究前沿[J].中国园林,26(3):1-5.
刘滨谊,吴敏,2013.以绿道建构城乡绿地生态网络:构成、特性与价值[J].中国城市林业,11(5):1-5.
刘滨谊,余畅,2001.美国绿道网络规划的发展与启示[J].中国园林,17(6):77-81.
刘佳琳,李雄,2013.东伦敦绿网引导下的开放空间的保护与再生[J].风景园林(3):90-96.
刘茂松,张明娟,2004.景观生态学:原理与方法[M].北京:化学工业出版社.
刘艳菊,丁辉,2001.植物对大气污染反应与城市绿化[J].植物学通报,18(5):577-586.
柳骅,夏宜平,2003.水生植物造景[J].中国园林(3):59-62.
卢斯,维莱特,2016.绿道与雨洪管理[M].潘潇潇,译.桂林:广西师范大学出版社.

伦佩珊,2009.基于野生动物保护的城市园林绿地规划设计[D].北京：北京林业大学.
罗坤,2009.崇明岛绿色河流廊道景观格局[J].长江流域资源与环境,18(10)：908－911.
罗婉贞,2011.广州绿道建设中的植物群落设计[D].广州：华南理工大学.
马克平,钱迎倩,1998.生物多样性保护及其研究进展(综述)[J].应用与环境生物学报,4(1)：96－100.
马世骏,1991.中国生态学发展战略研究(第一集)[M].北京：中国科学技术出版社.
孟亚凡,2004.绿色通道及其规划原则[J].中国园林,20(5)：14－18.
牛铜钢,2008.河流近自然化学说在河流景观规划设计中的应用[D].北京：北京林业大学.
欧阳育林,2007.把森林引入城市：构建城市近自然生态植物群落[J].中国建设信息(1)：44－45.
潘树林,王丽,辜彬,2005.论边坡的生态恢复[J].生态学杂志,24(2)：217－221.
乔红,蔡如,崔少伟,等,2013.深圳梧桐山风景区林下主要植物群落景观的评价与林分改造对策[J].广东园林,35(5)：6.
丘铭源,2003.浅谈“绿营建”制度与国外生态道路建设实例[J].造园(2)：65－74.
任斌斌,李薇,刘兴,等,2015.北京城市绿道植物多样性特征研究[J].中国园林,31(8)：10－14.
容曼,蓬杰蒂,2011.生态网络与绿道：概念、设计与实施[M].余青,陈海沐,梁莺莺,译.北京：中国建筑工业出版社.
申瑟,威尔达,阿泰克,等,2013.巴塞罗那萨格雷拉线性公园[J].风景园林(2)：86－93.
苏珊,2013.城市滨水型绿道规划设计研究[D].武汉：华中科技大学.
隋心,2012.布法罗河道散步道项目的设计与理念：城市河道景观基础设施整治与改善的成功案例[J].中国园林,28(6)：33－38.
孙志勇,季孔庶,2012.植物多样性研究进展[J].林业科技开发,26(4)：5－9.
谭家得,薛克娜,王志云,等,2005.抗污染树种等级划分及其应用[J].中国城市林业,3(6)：40－45.
谭玛丽,张健,魏彩霞,2011.城市公园——城市生物多样性契机：原生乡土植被覆盖城市指导原则[J].中国园林,27(7)：63－67.
田丽萍,2014.奥姆斯特德城市公园规划理念的形成与发展[D].晋中：山西农业大学.
田青,2012.城市道路绿化与交通安全关系研究[D].南京：南京林业大学.
托尼黄,王健斌,2014.生态型景观,水敏型城市设计和绿色基础设施[J].中国园林,30(4)：20－24.
万帆,熊花,2008.城市河流的自然化和生态恢复设计方法：以芝加哥河为例[C]//中国城市规划学会.生态文明视角下的城乡规划：2008中国城市规划年会论文集.大连：大连出版社.
王璟,2012.我国城市绿道的规划途径初探[D].北京：北京林业大学.
王敏,宋岩,2014.服务于城市公园的生物多样性设计[J].风景园林(1)：47－52.
王玮,2014.都市新景观：波士顿罗斯·肯尼迪绿道[J].南京艺术学院学报(美术与设计),(3)：175－179.
王希华,徐忠,1998.把自然森林引入城市：宫胁方法(Miyawaki method)介绍[J].上海建设科技(4)：30－31.
王向荣,林箐,2002.西方现代景观设计的理论与实践[M].北京：中国建筑工业出版社.
王向荣,林箐,2003.现代景观的价值取向[J].中国园林(1)：4－11.
王向荣,林箐,2012.多义景观[M].北京：中国建筑工业出版社.
王向荣,任京燕,2003.从工业废弃地到绿色公园：景观设计与工业废弃地的更新[J].中国园林(3)：11－18.
王向荣,郑曦,李倞,等,2020.北京永引渠滨水绿道景观规划与设计研究[M].北京：中国建筑工业出版社.
王晓俊,王建国,2006.兰斯塔德与"绿心"：荷兰西部城市群开放空间的保护与利用[J].规划师,22(3)：90－93.
王媛媛,2015.基于交通安全的城市道路绿化景观设计方法[D].北京：中国林业科学研究院.
王云才,2014.基于风景园林学科的生物多样性框架[J].风景园林(1)：36－41.
王云才,2014.景观生态规划原理[M].2版.北京：中国建筑工业出版社.
王云才,韩丽莹,王春平,2009.群落生态设计[M].北京：中国建筑工业出版社.
邬建国,2000.景观生态学[M].北京：北京科技出版社.

希契莫夫，邓内特，张秦英，2012.2012 伦敦奥林匹克公园的生态种植设计[J].中国园林(1)：39－43.
肖笃宁，李晓文，1998.试论景观规划的目标、任务和基本原则[J].生态学杂志，17(3)：46－52.
邢福武，余明恩，张永夏，2003.深圳植物物种多样性及其保育[M].北京：中国林业出版社.
徐文辉，2010.绿道规划设计理论与实践[M].北京：中国建筑工业出版社.
徐晓波，2008.城市绿色廊道空间规划与控制[D].重庆：重庆大学.
徐晓蕾，2007.北京与杭州滨水植物及植物景观研究[D].北京：北京林业大学.
徐吟，2013.绿色街道景观设计[D].重庆：重庆大学.
许浩，2003.国外城市绿地系统规划[M].北京：中国建筑工业出版社.
杨持，2008，生态学[M].2 版.北京：高等教育出版社.
杨冬辉，2002.因循自然的景观规划：从发达国家的水域空间规划看城市景观的新需求[J].中国园林(3)：12－15.
杨赉丽，2015.城市园林绿地规划[M].3 版.北京：中国林业出版社.
杨小波，2009.城市植物多样性[M].北京：中国农业出版社.
杨肖，2010.展现自然野趣特征的郊野公园规划设计研究[D].北京：北京林业大学.
杨玉萍，周志翔，2009.城市近自然园林的理论基础和营建方法[J].生态学杂志，28(3)：516－522.
姚中华，徐冬云，鲁平，等，2006.仿自然式植物群落种植设计初探[J].西南园艺，34(2)：27－29.
叶盛东，1992.美国绿道(American Greenways)简介[J].国外城市规划(3)：44－47.
易文芳，方应波，2012.广东三岭山森林公园辖区林相改造思路探索[J].农业经济与科技，23(6)：78－79.
易文芳，马静茹，龙昱，等，2009.保健植物分类及在城市园林中的应用[J].现代农业科学，16(3)：124－126.
殷丽峰，李薇，任斌斌，2021.北京城市绿道植物多样性及其群落特征[J].西部林业科学，50(2)：28－34.
于冰沁，张启明，杨辉，2011.上海崇明西沙湿地景观生态建设价值与生态恢复策略[J].沈阳农业大学学报(社会科学)，13(6)：5.
张风春，朱留财，彭宁，2011.欧盟 Natura 2000：自然保护区的典范[J].环境保护(6)：73-74.
张晋石，2014.费城开放空间系统的形成与发展[J].风景园林(3)：116-119.
张婧，吕飞，2010.城市生物多样性保护的规划对策研究[C]//中国城市规划学会.规划创新：2010中国城市规划年会论文集.重庆：重庆出版社.
张楠，2014.北京城市生态廊道植物景观研究[D].北京：北京林业大学.
张庆费，2002.城市绿色网络及其构建框架[J].城市规划汇刊(1)：75-76+78.
张善峰，王剑云，2012.绿色街道：道路雨水管理的景观方法[J].中国园林，28(1)：25-30.
张绍梁，2001.优化上海城市空间形象的探索[J].城市规划汇刊(2)：1-7.
张文，范闻捷，2000.城市中的绿色通道及其功能[J].国外城市规划(3)：40-42.
张笑笑，2008.城市游憩型绿道的选线研究[D].上海：同济大学.
张洋，2015.景观对城市形态的影响：以波士顿的城市发展为例[J].建筑与文化(3)：140-141.
张洋，林广思，2015.印缅生态热点地区(中国区)生物多样性保护现状与分析[J].风景园林(6)：16-24.
张云彬，吴人韦，2007.欧洲绿道建设的理论与实践[J].中国园林(8)：33-38.
章梦启，2013.城市废弃铁路景观再生设计研究[D].杭州：浙江农林大学.
赵彩君，2011.以保护城市生物多样性为导向的城市园林绿地规划设计：以澳大利亚珀斯为例[C]//中国城市规划学会.转型与重构：2011中国城市规划年会论文集.南京：东南大学出版社.
赵奇，2012.快速城市化背景下城市绿地生物多样性保护规划研究[D].杭州：浙江农林大学.
中国城市规划设计研究院建设部，1997.城市道路绿化规划与设计规范[M].北京：中国建筑工业出版社.
仲铭锦，许涵，陈考科，等，2003.深圳围岭公园人工次生林植物群落及林分改造[J].中山大学学报(自然科学版)，42(A2)：87-91.
周宏力，孔维尧，2006.哈尔滨城市野生动物管理技术与对策[J].东北林业大学学报，34(5)：34-37.
周年兴，俞孔坚，黄震方，2006.绿道及其研究进展[J].生态学报，26(9)：3108-3116.

周亚琦，2012.基于复合功能发展的绿道网规划策略：以深圳市绿道网规划为例[J].城市交通，10(4)：24－29.

周作莉，2011.珠江三角洲城市群绿道适宜宽度研究[D].广州：广州大学.

朱强，俞孔坚，李迪华，2005.景观规划中的生态廊道宽度[J].生态学报(9)：2406－2412.

左莉娜，2009.基于生物多样性理论的城市生态廊道系统构建研究[D].成都：西南交通大学.

Ahern J, 1995. Greenways as a planning strategy[J]. Landscape and urban Planning, 33 (1－3): 131－155.

Baschak L A, Brown R D, 1995. An ecological framework for the planning, design and management of urban river greenways [J]. Landscape and Urban Planning, 33 (1－3): 211－225.

Conine A, Xiang W N, Young J, et al., 2004. Planning for multi-purpose greenways in Concord, North Carolina [J]. Landscape and Urban Planning, 68(2－3): 271－287.

Damschen E I, Haddad N M, Orrock J L, et al., 2006. Corridors increase plant species richness at large scales [J]. Science, 313: 1284－1286.

Daniel S Smith, Hellmund P C, 1993. Ecology of greenways: design and function of linear conservation areas[M]. Mineapolis: University of Minnesota Press.

Dramstad W E, Olson J D, Forman R T T, 1996. Landscape ecology principles in landscape architecture and land-use planning [M]. Washington: Island Press.

Flink C A, Searns R M, 1993. Greenways: a guide to planning, design, and development[M]. Washington: Island Press.

Forman R T T, Godron M, 1986. Landscape ecology[M]. New York: Wiley.

Fábos J G, 2004. Greenway planning in the United States: its origins and recent case studies[J]. Landscape and Urban Planning, 68(2－3): 321－342.

Hellmund P C, Smith D S, 2006. Designing greenways[M]. Washington: Island Press.

Hilty J A, Lidicker W Z, Merenlender A M, 2006. Corridor ecology: the science and practice of linking landscapes for biodiversity conservation [M]. Washington: Island Press.

John M, 2003. San Antonio's River Improvements Project[J]. Innovation (11): 1-2.

Jongman R H G, 1995. Nature conservation planning in Europe: developing ecological networks[J]. Landscape and Urban Planning, 32 (3): 169-183.

Jongman R H G, 2004, Pungetti G. Ecological networks and greenways: concept, design, implementation [M]. Cambridge: Cambridge University Press.

Linehan J, Gross M, Finn J, 1995. Greenway planning: developing a landscape ecological network approach [J]. Landscape and Urban Planning, 33(1-3): 179-193.

Little C E, 1990. Greenways for America[M]. Baltimore: The Johns Hopkins University Press.

Morrison S W, 1988. The percival creek corridor plan[J]. Journal of Soil and Water Conservation, 43: 465-467.

Smith D S, Hellmund P C, 1993b. Ecology of greenways: design and function of linear conservation areas [M]. Mineapolis: University of Minnesota Press.

Wetzel S, Burgess D, 2001. Under storey environment and vegetation response after partial cutting and site preparation in Pinus strobes L. stands[J]. Forest Ecology and Management, 151(1-3): 43-59.

Whittaker R H, 1977. Evolution of species diversity in land communities [J]. Evolutionary Biology, 10: 1-67.

Ying-Yu Hung, et al., 2011. Landscape infrastructure: case studies by SWA[M]. Basle: Birkhauser Verlag.

Yoshida K, Asakawa S, Yabe K, 2004. Perceptions of urban stream corridors within the greenway system of Sapporo, Japan[J]. Landscape and Urban Planning (68): 167-182.